新一轮电力体制改革下的
中国水电可持续发展
配套政策研究

陈靓　杨明祥　著

中国水利水电出版社
www.waterpub.com.cn
·北京·

内 容 提 要

本书以新一轮电力体制改革"放开两头、稳住中间,鼓励清洁能源的发电和上网,推进节能减排"要求为主旨,以"绿色"和"低碳"为抓手,借鉴和吸收国际经验,立足我国国情,提出了顺应我国电力体制改革大背景的水电可持续发展相关配套政策。本书剖析和解读了新一轮电力体制改革的核心任务和配套政策;系统梳理了当今国内外已开展的绿色水电认证和水电可持续性评价等工作,提出具有中国特色的可持续水电认证的构想;对比分析了世界典型国家可再生能源政策,以及中国不同类型可再生能源激励政策及其在我国的适应性;创新性地提出了我国水电可持续发展的配套政策体系。

本书可供水利水电工程、可持续发展、政策研究等领域的学者、技术人员、管理人员,以及大中专院校相关专业的教师和学生参考。

图书在版编目(CIP)数据

新一轮电力体制改革下的中国水电可持续发展配套政
策研究 / 陈靓,杨明祥著. -- 北京 : 中国水利水电出
版社,2021.10
ISBN 978-7-5170-9507-1

Ⅰ. ①新… Ⅱ. ①陈… ②杨… Ⅲ. ①水利水电工程
-可持续性发展-研究-中国 Ⅳ. ①TV

中国版本图书馆CIP数据核字(2021)第053540号

书　　名	新一轮电力体制改革下的中国水电可持续发展 配套政策研究 XIN YI LUN DIANLI TIZHI GAIGE XIA DE ZHONGGUO SHUIDIAN KECHIXU FAZHAN PEITAO ZHENGCE YANJIU
作　　者	陈　靓　杨明祥　著
出版发行	中国水利水电出版社 (北京市海淀区玉渊潭南路 1 号 D 座　100038) 网址:www. waterpub. com. cn E - mail:sales@waterpub. com. cn 电话:(010) 68367658 (营销中心)
经　　售	北京科水图书销售中心 (零售) 电话:(010) 88383994、63202643、68545874 全国各地新华书店和相关出版物销售网点
排　　版	中国水利水电出版社微机排版中心
印　　刷	清淞永业 (天津) 印刷有限公司
规　　格	184mm×260mm　16 开本　7 印张　170 千字
版　　次	2021 年 10 月第 1 版　2021 年 10 月第 1 次印刷
定　　价	**60.00 元**

2015 年 3 月，中共中央、国务院印发《关于进一步深化电力体制改革的若干意见》（中发〔2015〕9 号），明确了"三放开、一独立、三强化"的改革"路线图"。新一轮电力体制改革要求"放开两头、稳住中间"，鼓励清洁能源的发电和上网，推进节能减排，为我国电力事业的健康发展展示出新的地平线，为清洁能源的高速发展奠定了良好基础。加快水电发展是优化能源结构、实现我国减排目标的必由之路。但是，水电发展如何抓住机遇，转换发展理念，使水电工程真正成为生态工程、社会工程、民生工程，目前仍面临诸多困难与挑战。因此，借鉴和吸收国际经验，立足我国国情，制定和完善水电可持续发展的配套政策，充分发挥水电的清洁能源优势，是实现我国电力能源结构的迫切需求。

本书从改革的目标和难点、总体思路、核心任务、配套措施等，对我国的新一轮电力体制改革进行了深入解读；围绕电力体制改革的总体思路，覆盖了电力生产、传输、供应的全过程，从输配电价、交易机构、发用电计划、售电侧、电网接入、监督管理等重点领域，对新一轮电力体制改革的核心任务和配套政策进行剖析；分析水电在我国能源需求和电力结构中的地位和作用，系统阐述新一轮电力体制改革带给我国水电发展的挑战和机遇。

本书系统梳理了当今国际水电行业为了促进水电可持续发展进行的良好实践，例如绿色水电认证、低影响水电认证和水电可持续性评估等，并将这些具有代表性的国际水电评价标准与我国水电开发环境，经济和社会的法规、政策和标准进行对比分析，明确了我国水电开发管理进一步完善和提高的方向，提出具有中国特色的可持续水电认证的构想。作为世界上水电开发规模最大的国家，我国有必要制定和实施包括经济激励在内的多种可持续性水电配套管理机制，促进我国水电开发管理与国际水平接轨，实现中国水电的绿色发展之路。

本书进一步对世界典型国家可再生能源政策的形成和政策取向进行了系统分析；阐明了我国现阶段水电发展配套政策不完备等相关问题，并从电价、税收、财政三个方面对我国水电现有的基本政策（政策基准）进行了分析，对中国不同类型可再生能源激励政策及其在我国的适应性进行了对比研究。最后，以 IHA《水电可持续性评估规范》的总体框架和技术标准为基础，结合中国电力体制改革大背景和中国水电开发的特色，尝试性地提出了我国水电可持续发展的配套激励政策。

本书由中国水利水电科学研究院陈靓和杨明祥共同撰写，中国水利水电科学研究院黄真理教授级高级工程师、国际水电协会（International Hydropower Association）前执行总裁理查德·泰勒（Richard Taylor）先生和执行总裁理艾迪·里奇（Eddie Rich）先生对本书写作给予了悉心指导。在此，对各位专家表示衷心的感谢！

本书由基于数值模拟的雅砻江流域风能资源多尺度耦合评估方法研究（U1865102）以及 NWP 模式动态参数化方案及其驱动下的径流集合预报研究（51709271）联合支持。

陈 靓

2021 年 5 月

目　录

第 1 章

绪论

1.1　水电发展任重道远

当前，能源安全、气候变暖和环境污染问题，越来越受到国际社会的普遍关注，积极推动能源生产和消费革命，大力发展新能源和可再生能源，已成为世界各国寻求可持续发展的重要途径和培育新的经济增长点的重大战略选择。未来二三十年，水电作为资源禀赋优越、技术成熟、利用效率高、开发经济、调度灵活的清洁能源仍将大有可为。预计到2050年，世界水电装机达20.5亿kW，2030—2050年，新增装机容量5.0亿kW，开发利用率接近50%[1-2]。水电必将成为推动我国能源生产和消费革命，推进实现节能减排目标承诺，落实中央提出绿色发展、建设生态文明和美丽中国的重要保障。

因此，水电如何可持续发展是当前摆在水电行业的一个重要命题。根据水库大坝建设和水利水电发展中面临的新形势和新要求，我国水电开发必须以科学发展观为指导，切实转变发展理念，从单纯的工程水电转变到生态水电，从纯粹的技术工程转变到社会工程、民生工程，更加重视移民利益和生态环境保护，把水电开发与水资源综合利用、生态工程建设和地区经济发展有机结合起来，以水电开发推动经济社会的可持续发展。

华能澜沧江水电股份有限公司董事长王永祥呼吁："从国家层面研究在经济新常态下保障优先开发利用水电，从根本上解决大量弃水问题。水电在中国的发展难度在加大，比如生态保护和移民安置难度加大，所以其发展趋势难以准确预测。"国家能源局新能源和可再生能源司副司长史立山认为，"但能源结构机制性变化一定会发生，水电在这一过程中起到桥梁性作用，肩负的使命越来越多。加强顶层设计，逐步完善机制应该是今后重要的任务。"

变革呼之欲出，已成为历史的必然。不难预见，在科学发展观的统领下，21世纪的中国水电建设将能够实现民生水电、绿色水电、生态水电、和谐水电，以一种全新的面貌奏响我国能源发展和结构调整的时代强音。

1.2　水电开发要走绿色低碳发展之路

开发利用可再生能源是当今世界各国保障能源安全、加强环境保护、应对气候变化的重要举措。2015年11月，巴黎气候变化大会达成具有历史性意义的《巴黎协定》，将全球气候治理的理念进一步确定为低碳绿色发展，标志着 2020 年后的全球气候治理将进入新的阶段。《巴黎协定》的通过，表明了全球从过去依赖化石能源的经济形态向去碳化的低碳绿色经济发展的趋势，也展示了各国对发展低碳绿色经济的明确承诺。走低碳绿色发展之路是人类未来发展的唯一选择，绿色低碳成为未来全球气候治理的核心理念。

中国一直是全球应对气候变化事业的积极参与者，发挥着举足轻重的关键作用。2015 年 6 月，中国正式向联合国提交"国家自主决定贡献"：二氧化碳排放 2030 年左右达到峰值并争取尽早达峰、单位国内生产总值二氧化碳排放比 2005 年下降 60%～65%，非化石能源占一次能源消费比重达到 20%左右。2015 年 11 月 30 日，习近平主席在气候变化巴黎大会上再次表示：中国正在大力推进生态文明建设，推动绿色循环低碳发展，把应对气候变化融入国家经济社会发展中长期规划。

水电作为当前技术最成熟、开发最经济、调度最灵活的可再生能源，在我国可再生能源结构中占有十分重要的地位。我国水电资源十分丰富，开发潜力巨大。"十三五"期间，我国水电装机容量达 3.65 亿 kW，超过 3.4 亿 kW 的"十三五"目标，常规水电新增开工约 3400 万 kW。水电对推进我国能源发展从规模扩张转向系统优化具有重要作用，同时也为我国能源结构调整提供了契机。应充分重视水电在实现未来非化石能源发展目标和绿色低碳发展路径中的地位和作用。开发利用可再生能源是当今世界各国保障能源安全、加强环境保护、应对气候变化的重要举措。

从国内外来看，水电的绿色低碳之路，也不是一帆风顺的，认识上也并不统一。没有哪一种能源是百分之百清洁的，也不是所有的水电都是绿色低碳的。水电开发与生态保护、社会安定和经济发展等均存在一定的矛盾。我国已明确提出了当前的水电发展政策，水库移民和生态保护已成为当前水电发展的重要约束因素。我国"十二五"规划提出"在做好生态保护和移民安置的前提下积极发展水电，重点推进西南地区大型水电站建设"。2012 年，国家能源局发布的《水电发展"十二五"规划》和《可再生能源发展"十二五"规划》再次重申，"在做好生态保护和移民安置的前提下积极发展水电"。2014 年 4 月 18 日，国务院总理李克强在国家能源委员会会议上指出："在做好生态保护和移民安置的基础上，有序开工合理的水电项目。"破解移民和环保两大难题是实现水电可持续发展的核心问题和关键技术。

2016 年 1 月 26 日，习近平主席在推动长江经济带发展座谈会上进一步强调，水电开发必须从长远利益考虑，坚持生态优先、绿色发展的战略定位，使绿水青山产生巨大生态效益、经济效益、社会效益。我国未来水电的可持续发展要在破解移民和环保两大难题的基础上，自觉推动绿色循环低碳发展，深入水电可持续发展核心问题和关键技术研究，实现生态效益、经济效益和社会效益的共赢，使水电发展能真正做到"建设一座电站，带动一方经济，改善一片环境，造福一批移民"。

1.3 中国水电可持续发展之路

我国是世界上水能资源最丰富的国家之一。为了实现资源优化配置，优化电源结构，减少环境污染，实现可持续发展，我国确定了"在做好移民和生态的前提下积极发展水电"的方针，并作为我国今后电力建设的重要任务。2015 年 3 月，中共中央、国务院印发《关于进一步深化电力体制改革的若干意见》（中发〔2015〕9 号），明确了"三放开、一独立、三强化"的改革"路线图"。新一轮的电力体制改革要求"放开两头、稳住中间"，鼓励清洁能源的发电和上网，推进节能减排。一方面，我国的水电发展面临"移民"和"生态"两大难题。另一方面，水电政策未能与时俱进，与"可持续水电"和"绿色水电"相关的国家财政、税收、投资、金融、价格等方面的现行政策还缺乏科学合理性，未能鼓励水电向"可持续"和"绿色"方向发展，未能充分反映水电项目具有的综合效益和显著社会效益，使水电发展失去公平的发展条件。

因此，以"可持续"和"绿色"为抓手，借鉴和吸收国际经验，立足我国国情，制定和完善顺应我国电力体制改革大背景的水电可持续性发展配套政策，是一项水电行业改革的创新举措，涉及技术规范和标准、水电项目审批制度改革、电价改革、财政税收制度等方面。同时也需要充分发挥政府"引导、服务、监督"的作用，充分发挥水电的清洁能源优势，完成水电行业体制机制的转变，让水电建设和运行管理工作走上良性循环的轨道。是实现我国水电可持续发展的迫切需求，也是当前环境下我国水电发展的新机遇，更是贯彻落实党中央可持续发展精神，全面建成小康社会和实现生态文明建设目标的战略需要。

国际上，2001 年瑞士联邦环境科学技术研究院提出了绿色水电认证的技术框架和标准，2004 年美国低影响水电研究所提出低影响水电认证标准。这两个认证采取技术评价和经济激励两种手段来解决水电项目的不利影响。建立技术标准对水电工程的生态环境影响进行评估，满足标准要求的水电站能够以绿色水电或低影响水电的标志进行市场营销，获得额外收益并将这些收益用于电站影响区域的生态修复。2010 年国际水电协会（IHA）发布《水电可持续性评估规范》，从环境、社会、技术、经济等方面按水电项目全生命周期构建了可持续性评价框架，反映了国际水电界对水电发展较为全面的认识和最新进展。

国家有关部门高度重视我国水电可持续发展工作，国家能源局、水利部和环境保护部先后启动了可持续水电、绿色水电、绿色小水电的科研试点工作，成立国家水电可持续发展研究中心等机构，积极开展相关研究工作。我国已引入国际水电协会 IHA《水电可持续性指南》和《水电可持续性评估规范》，进行了澜沧江糯扎渡、景洪电站和贵州乌江流域梯级水电站案例研究。

第 2 章

我国新一轮电力体制改革

电力的全面、持续、健康发展关系到国家能源安全、经济发展以及社会和谐稳定。为了贯彻国家全面系统的电力体制深化改革，发挥电力市场资源合理配置的功能、实现国家电力的持续发展，2015 年 3 月，中共中央、国务院发布了《关于进一步深化电力体制改革的若干意见》（中发〔2015〕9 号），为新一轮的电力体制改革制定了行动指导纲领，标志着我国已进入电力体制改革的新阶段。

文件发布以来，国家发展改革委、国家能源局等有关部门通力合作，全力推动改革落地，采取了以下措施：

（1）抓紧研究起草配套文件。经过充分征求意见，履行必要审批程序，形成最大改革共识，出台了《关于推进输配电价改革的实施意见》《关于推进电力市场建设的实施意见》《关于电力交易机构组建和规范运行的实施意见》《关于有序放开发用电计划的实施意见》《关于推进售电侧改革的实施意见》《关于加强和规范燃煤自备电厂监督管理的指导意见》等 6 个配套文件。

（2）积极推进输配电价改革试点，按照自下而上和自上而下相结合的原则，国家发展改革委将深圳、内蒙古、安徽、湖北、宁夏、云南、贵州列入了输配电价改革试点单位。

（3）研究批复电力体制改革综合试点，国家发展改革委、国家能源局在征求各部门意见后，已批复同意云南、贵州开展电力体制改革综合试点，两省试点工作正积极有序进行。

2.1 我国新一轮电力体制改革的背景

2.1.1 我国电力体制改革历史进程

改革开放前，中国的电力管理体制是中央管理为主、大区电业管理局分片管理。20世纪 80 年代，随着改革开放的不断深化，电力短缺成为制约经济发展的"瓶颈"，中国逐渐开始进行电力体制改革。

1986 年 5 月国务院召开会议研究电力工业体制改革问题，同年 6 月电力体制改革小组出台了《加快电力工业发展的改革方案（草案）》。1988 年 12 月成立中国电力企业联合会，在网省电业管理局、电力工业局的基础上成立大区电力集团公司和省电力公司。由此，实现了电力工业的行政管理、企业管理和行业自律管理职能的初步分开，在电力体制改革中迈出了坚实的一步。

1995年，由于电力短缺未见明显缓解，"独家办电"的垄断体制弊端日益显露。我国开始实行多家办电，允许外商投资电力项目，电力市场形成多元化投资主体，对电力发展起到重要推动作用。

1996年12月，《国务院关于组建国家电力公司的通知》（国发〔1996〕48号）正式发布。1997年1月，国家电力公司成立。1998年8月，国家电力公司推出以"政企分开，省为实体"和"厂网分开，竞价上网"为内容的改革方略。

2002年2月，《国务院关于印发电力体制改革方案的通知》（国发〔2002〕5号）正式发布。改革方案制定了国家电力工业横、纵双向分拆的改革模式。实行厂网分开，重组发电和电网企业；成立国家电监会，按照国务院授权，行使电力监管行政执法职能，并统一履行全国电力市场监管职责；国家发展改革委负责电力投资审批权和定价权。至此，我国基本实现了发电企业间的公平竞争。

2002年10月，按照国务院统一部署，国家电网公司、南方电网公司和各发电集团公司陆续挂牌并正式运转，标志着中国电力工业正式进入市场经济时代。2007年4月，国务院转发了电力体制改革工作小组《关于"十一五"深化电力体制改革的实施意见》，其中指出："十一五"期间深化电力体制改革要针对解决电源结构不合理、电网建设相对滞后、市场在电力资源配置中的基础性作用发挥不够等突出问题，全面贯彻落实科学发展观，着力转变电力工业增长方式；按照《国务院关于印发电力体制改革方案的通知》（国发〔2002〕5号）确定的改革方向和总体目标，巩固厂网分开，逐步推进主辅分离，改进发电调度方式，加快电力市场建设，创造条件稳步实行输配分开试点和深化农村电力体制改革试点，积极培育市场主体，全面推进电价改革，加快政府职能转变，初步形成政府宏观调控和有效监管下的公平竞争、开放有序、健康发展的电力市场体系。

2.1.2 我国电力体制改革的主要成就

从20世纪80年代首轮电力体制改革伊始，到2002年电力体制改革方案的发布和实施，直至2015年新一轮电力体制改革阶段的开启，我国的电力体制改革走过了30多年的历程，电力行业取得了巨大的发展，改革取得了显著成就。

2.1.2.1 主要进展和成效

（1）"厂网分开"和"主辅分离"取得实质性进展，发电领域竞争格局基本形成。区分竞争性和垄断性业务，对原一体化经营的国家电力公司进行拆分重组，实现了产权关系上的"厂网分开"和中央层面的"主辅分离"，发电领域的竞争性市场格局基本形成。2011年，对国家电网公司和南方电网公司所属辅业单位成建制剥离和重组，形成两大新的辅业集团，标志着网省公司层面主辅分离改革基本完成。

（2）对电力市场体系建设进行了积极探索。在"厂网分开"基础上，相继开展区域电力市场"竞价上网"、大用户与发电商直接交易、一省范围内的多边交易、节能发电调度、发电权交易以及跨省跨区电能交易等试点工作，对推进电力交易市场化积累了宝贵经验。

（3）对市场化电价形成机制进行了尝试性改革。围绕电力市场建设和节能减排，进一步完善了电价政策。上网电价由最初的"一机一价"转变为"标杆电价"；为了引导节能减排，推行了差别电价、峰谷电价、阶梯电价和新能源电价；在电力市场建设的改革试点中，先后在东北区域市场推行两部制定价，在内蒙古市场推行双边交易电价。

（4）行业管理体制得到创新。组建国家电监会，在电力安全、市场秩序、节能减排、服务质量等方面开展电力监管，为转变政府职能、加强行业监管积累了经验。成立国家能源委员会，组建了国家能源局，政府管理职能逐步明确到位。

（5）农电改革取得了阶段性成果。中西部农网改造和建设取得明显进展，基本实现了城乡同网同价，农电价格大幅下降。

2.1.2.2　带来的变化和积极影响

（1）促进了电力工业快速发展。破除了独家办电的体制束缚，大大解放了生产力，2002年以来电力投资快速增长，一直保持能源工业总投资 70% 左右的水平。截至 2014 年底，我国电力装机达 13.6 亿 kW，同比增长 8.7%，大大增强了电力供应的保障能力。2014 年，我国全社会用电量 55233 亿 kW·h，同比增长 3.8%，成为世界电力消费超级大国。

（2）提升了电力行业生产效率。在发电领域竞争机制开始发挥作用，大大提高了生产效率，工程造价和运营成本不断下降，彻底解决了计划经济时期电站工程造价连年攀升、制约发展的老大难问题。2002 年以来，在材料、设备价格上涨的条件下，发电工程造价降低了 40%～50%；平均线损率从 7.97% 下降到 6.94%；全国燃煤电厂平均供电煤耗从 383g/(kW·h) 下降到 335g/(kW·h)，已低于美国、澳大利亚等西方发达国家。

（3）行业活力增强，可再生能源加速发展。在多元主体竞争的格局下，企业创新活力不断激发，有力地促进了科技创新，可再生能源发电比例不断提高。经过 30 多年的改革和发展，超超临界发电技术国产化、风力发电、洁净煤发电、大型水力发电等技术已迅速处于世界前沿行列。水电装机、风电装机和核电在建规模均跃居世界首位，截至 2014 年底，我国可再生能源装机达到 4.3 亿 kW，占全部电力装机的 32%，可再生能源发电量达12000 亿 kW·h，占全部发电量的 22%，为节能减排做出了积极贡献。

2.1.3　我国新一轮电力体制改革面临的主要问题

30 多年的电力体制改革实践证明，我国的电力体制改革方向是正确的。打破垄断、引入竞争是促进我国电力工业健康、持续发展的必由之路。但不可否认的是，随着电网和电力市场的发展，加之关键领域改革未能及时跟进，我国电力行业诸多问题和矛盾也日益突出。新旧矛盾的交错并存，反映出进一步深化电力体制改革已迫在眉睫、刻不容缓。我国新一轮电力体制改革需要推进解决以下主要问题。

2.1.3.1　电网超级垄断的体制性障碍依然存在

我国电力体制前期改革主要是通过减少政府的行政干预来解决电力供应短缺的矛盾，让电力企业成为独立的市场主体。通过改革极大地缓解了我国电力供需矛盾，但由于电力体制改革措施步伐不一，电力工业行政垄断的体制性障碍依然存在。

1. 电力体制改革各环节步伐不一

我国电力市场为"发电侧单一买者、售电侧单一卖者""发电侧独立、输配售一体化"的市场结构。在这种市场结构下，多家发电厂将电卖给电网公司，电网公司在发电侧对发电企业形成买方垄断；电网公司在售电侧将电卖给用户，形成卖方垄断[3-6]。电网公司无论对发电企业还是对用户都是"歧视性接入",即电网企业虽然不能通过调节上网电价获得垄断租金（政府管制了上网电价），但却可以有权决定发电企业的电量是否可以上网；电网企业虽然不能随意调节电力售价，但却有权决定是否以及如何向用户提供电力服务，用户只能在所处供电区域向当地电网企业买电。

2. 电力输配的自然垄断与电力工业的行政垄断，逐步形成了电网公司的绝对垄断

在自然垄断和行政垄断双重作用下，形成新的"厂网不分"，导致我国发电企业和电网公司效率低下。电网公司可以获得稳定可靠的"价差"收益，且收益多少与电网公司经营好坏无关；发电企业发电量多少，是由电网决定，而不是由企业经营差异来决定[7]，致使发电企业对与电网关系的关注超过对自身经营能力提高的关注。电网垄断企业规模过大就会出现规模不经济。如在装机规模差不多的情况下，我国输电线路装机比、线路电量比分别只有美国的59%及65%。

3. 输配电经营模式严重阻碍电力体制市场化改革

一方面，电网公司利用其拥有巨大的调峰电站和代管电厂，是实际的"厂网不分"。另一方面，由于电网的垄断性，使发电企业将更多的资金和精力放在与电网企业建立特殊的关系上，形成一种新"厂网不分"。正是电网企业不提供开放接入，对发电企业实行差别待遇，扰乱了发电侧的市场竞争。全世界没有一个国家像我国这样的输配电经营模式，即在垄断经营的同时，不承担放开接入的义务[8-11]。因此，要想真正实现竞价上网，形成竞争性的电力市场，必须打破现行电力市场结构，打破发电侧的买方垄断和售电侧的卖方垄断，打破新的"厂网不分"，打破我国现行的垄断输配电经营模式。

2.1.3.2 政府直接干预微观经济活动与监督不力并存

1. 政府仍直接干预电力定价、电量分配、项目建设投资等微观经济活动

第一，电力价格依然是"统一领导、分级管理"，上网电价、输配电价和销售电价仍实行垂直化垄断，上网电价没有体现发电模式的不同，市场化竞价机制没有形成。第二，政府管理电量分配。2002年以来，逐渐形成了年度电量计划主要按照行政办法分配到机组（或电厂），由地方政府制定年度上网电量分配方案。

2. 电力监管职能配置不合理，市场监督缺乏有效的制度规范

世界上许多国家是由国家能源部负责统一制定电力工业政策、价格政策和市场监管制度。而在我国，国家能源局、发展改革委、生态环境部、财政部、税务总局都是与电力监管密切相关的政府综合管理部门，这些部门负有制定与电力行业相关的能源政策和能源战略（国家能源局）、产业政策和价格政策（发展改革委）、环境监管（生态环境部）、财税政策（财政部、税务总局）的职责，政府电力监管职能相对分散。

2.1.3.3 电力价格市场化改革推进艰难

1. 电价形成机制仍不合理

虽然上网电价历经多次改革，但在新一轮电力体制改革之前我国电价形成机制仍是基于成本收益率定价，这会鼓励低效率发电企业盲目投资、高成本运营和虚增成本，亟待实行新的定价机制。

2. 输电和售电价格缺乏监管

目前对输配电价的监管不到位，政府对电网价差的制定具有较大的主观性和随意性，

容易造成电力产业链条各个环节的利益分配不均衡，引发厂网矛盾；电网价差形成机制缺乏激励和约束，难以引导电网企业提高效率、降低成本；售电价格机制单一机械，无法准确和及时地反映和调整电力供需关系。

3. 大用户直接交易推进竞价上网改革不顺利

近年来国务院对推进大用户直接交易先后下发了十几个文件，但由于受产业政策、发电量调度、五大发电集团及电网等方面的阻力，目前推进依然是困难重重，大规模推广并不顺利。究其原因，一方面，政策障碍依然存在，如对大用户直接交易设置了节能减排、战略性新兴产业等产业政策门槛；另一方面，原本该积极响应大用户直购的发电企业，由于在电力市场销售环境并不好的情况下，更看重可以稳定供应的电网，自然更多考虑的是电网利益[12-14]。而大用户直购电将直接涉及电网权益，电网对改革缺乏动力。

2.1.3.4 混合所有制改革滞后

与能源其他领域的混合所有制改革相比，电力行业的混合所有制改革滞后。用电力工业国有企业资产占整个电力工业的比重，可以一定程度反映电力工业混合所有制改革的情况，这一比值越大表示电力工业混合所有制改革力度越小。横向比较，分析 1999 年这一数据，电力工业为 69.28%，低于能源工业的 77.74%，相比较煤炭为 83.54%、油气为 93.20%，这表明在 1999 年，电力行业较其他能源部门的混合所有制改革力度要大；观察 2011 年这一数据，电力工业为 75.53%，远远高于能源工业的 50.06%，相较煤炭为 39.77%、油气为 18.66%，这表明经过 2010—2011 年，电力工业较其他能源部门的混合所有制改革力度要小得多。纵向比较，观察电力行业 1999—2011 年，电力工业国有企业资产占整个电力工业的比重不减反升，从 1999 年的 69.28% 提高到 2011 年的 75.53%。

2.1.4 我国新一轮电力体制改革的方向

打破行政垄断，放开可竞争性环节；先放松输、配电网络接入，在此基础上推动竞价上网，再到放开输电网和配电网；将单一购买模式转向批发竞争和零售竞争，构建有效竞争的电力市场结构和电力市场体系，形成主要由市场决定电力价格的机制。通过发展混合所有制改革，引入民营及社会资本，促进经营效率的提升，加快电力发展。转变政府对电力的监管方式，建立健全电力法治体系，确保电力行业持续健康平稳发展，确保供电和用电的安全可靠，保障国家能源安全。

2.1.4.1 电价改革和电价机制的形成

1. 政府单独核定输配电价

政府向社会公布核定输配电价，并接受社会监督。输配电价实行分电压等级核定，且必须遵循准许成本加合理收益原则。用户或售电主体按照对应的输配电价支付电费。

2. 市场形成发售电价格

竞争性环节全面放开，将发售电价与输配电价的形成机制彻底分离，确定发电补贴标准。发售电使用用户的电价支付由市场交易价格、政府基金以及输配电价三方共同决定。同时，其他电力使用情况根据政府电价而定。

3. 电价交叉补贴妥善处理

不同种类的电价在体制改革中要不同程度进行交叉补贴，保障居民的合理用电。

2.1.4.2 完善电力交易机制

1. 确立市场主体准入规范标准

建立并公布用电主体的准入标准,这些用电主体大致在能耗水平、接入电压等级、排放水平、产业政策等方面具有差异化。根据国家用电市场主体的实际情况,进行进一步的交易机制的完善和创新。

2. 多方市场主体直接交易

发电企业、售电主体和用户三方都被赋予自主选择权来确定交易对象、电量和价格,按国家规定的输配电价向电网企业支付相应的过网费,直接洽谈合同,实现多方直接交易,为各大用电主体提供更加经济、优质的电力保障。

3. 完善长期稳定的交易机制

构建体现市场主体意愿、长期稳定的双边市场模式,促进直接交易双方通过自主协商决定交易事项,鼓励用户与发电企业之间签订长期稳定的合同,建立并完善实现合同调整及偏差电量处理的交易平衡机制。

2.1.4.3 市场交易平台的公平规范

1. 严格遵循市场经济规律

带动电力交易机构的科学创建,相对独立的电力交易机构主要从事的运行有电网投资、电网系统安全、电网公平、电力传输配送等。

2. 规范电网企业运营模式

上网电价和销售电价价差不再是电网企业的收入来源,电网企业按照政府核定的输配电价规范投资和管理行为,并收取一定数额的过网费,保证电网企业收入来源和收入水平的稳定。

3. 电力交易机构规范运行

电力交易机构在基于政府批准的章程和规则的情况下,相对独立地进行业务交易运行,为电力市场提供便捷的服务

2.1.4.4 发用电计划改革

1. 发用电有序缩减

市场发用电机制的发育程度,不再纳入发用电计划。在电力市场交易的过程中,政府鼓励新核准的发电机组和新增工业用户积极参与,实现市场交易的主观性。

2. 完善政府调节性服务功能

农业、居民、公益性服务和重要公用事业等用电在政府调节用电服务功能的同时,必须得以保障,且电力运行必须保持顺畅和安全[14-18]。另外政府积极开展电力能效管理和需求侧管理,加之现代信息技术、实施需求响应、培育电能服务等的应用配合,促进我国的电力供应平衡和节能减排。

2.1.4.5 电侧改革

1. 建立市场主体准入和退出机制

根据目前国家具体的售电业务的社会资本放开程度,对环保、安全、技术、节能和社会责任等进行科学评估,进而制定科学合理、符合社会发展要求的市场主体准入和退出机制,确保用电各方的合法权益。

2. 多途径培育市场主体

政府在市场主体准入和退出机制的技术应用上,可以鼓励高新产业园区进行售电直接交易技术的研究,并允许发售电使用用户能够直接参与进来,努力开拓售电技术的应用市场,鼓励相关市场主体从事售电业务。

2.1.4.6　完善分布式电源发展新机制

1. 并网运行服务进一步得到完善

分布式电源发展新机制的建立与完善,促进可再生能源、新能源、节能降耗和资源的综合应用,也可进一步推进可再生能源、新能源发电与其他电网、电源的有效衔接。政府根据这些综合高效的运行新机制,加快新能源研发,为分布式电源发展新机制的建立完善提供能源保障和技术保障。

2. 自备电厂监督管理得到有效加强和规范

自备电厂监督管理应严格遵守国家电力规划布局和能源产业政策的要求,节能和环保排放标准要达到国家规范标准[19]。自备电厂所承担的社会责任重大,且应该认真履行相应的调峰义务。政府规范自备电厂监督管理体系,使其能够公平地参与电力市场交易。

2.2　国外电力体制改革的最新进展

20 世纪 80 年代末,伴随电信、石油等公用事业的改革浪潮,世界电力行业拉开了改革序幕。改革以英国为先锋,继而延伸至欧洲、美洲和亚洲一些国家和地区,形成了一场电力行业改革的国际潮流。近年来,各国电力体制和机制改革受到低碳、环保、清洁能源和绿色发展等国际焦点问题的影响,已产生了诸多新变化。

2.2.1　电力行业结构重组重在提高国际竞争力

近年来,为了在全球大市场中居于有利地位,很多国家意识到只有大型企业才具备国际竞争力,因此全球范围内掀起了电力资产并购、重组的热潮,而不再以改革初期政府主导的对电力企业发输配售环节进行破碎式产权拆分为主。2009 年以来,世界范围内电力资产并购重组仍在继续[20]。为了提升国际竞争力,法国电力集团充分发挥其在核电领域和资本市场的优势,大力实施国际化战略,将英国能源核电子公司股份出售,并计划收购美国清洁能源公司核电资产,成为电力企业走国际化道路的成功典范;德国莱茵集团与荷兰埃森特能源公司宣布合并公布新的投资计划;意大利国家电力公司将其天然气输送网络80％的股份以 4.8 亿欧元的价格卖给意大利基础设施投资基金和法国安盛私募投资公司;瑞典电力公司也在与几家欲购买其德国输电网的买家交涉,通过出售非核心资产来改善现金流;印度国家热电集团面对国内煤炭资源上涨的压力,开始关注国外市场。这些并购、重组都是为了应对金融危机、提升企业国际竞争力、实施国际化战略、保障国家能源安全。

2.2.2　电力市场重在建设适应新能源、可再生能源发展的大市场

电力大市场已成为国外电力市场发展的热点。电力市场范围扩大将会带来市场主体增多、供应增加,将会使电力行业的竞争更加充分、配置资源的效率更高。欧盟继 2008 年

中西欧电力市场建立之后，2009年又主导签订了《波罗的海能源市场互联计划》，并且随着南欧地区跨国交易的增加，南欧电力市场也基本形成，欧盟统一电力市场正逐步建成；美国联邦能源监管委员会批准了中美能源公司参与中西部电力市场，进一步扩大了中西部电力市场的范围。为应对气候变化和减排压力，各国都在探索促进新能源、可再生能源发展的市场机制。需求侧响应机制逐渐成为电力市场建设的重点[21]。美国联邦能源监管委员会已将完善需求侧响应机制作为美国电力市场建设的重点；美国加州电力行业独立系统运营商为了使批发市场能够促进可再生能源的发展采取了很多措施，包括评估市场再设计方案、引入新的产品或定价机制、完善日内市场以及辅助服务市场机制等。

2.2.3 电力市场监管内容和方式更加丰富

随着电力市场化改革的推进，在金融危机和低碳发展等新形势下，各国不断调整监管方式和监管手段，完善监管内容。一是监管垄断行为的力度逐步加大。2009年，欧盟开展了一系列针对成员国的电力企业竞争行为调查，迫使大型能源企业改变经营方式。德国卡特尔企业联合会办公室加强了对本国内四家能源集团公司的垄断行为的调查；西班牙竞争委员会对本国电力公用事业企业开展了反垄断调查；英国燃气与电力市场办公室扩大了在电力供应紧张时调查发电企业操纵电力市场谋利行为的权力；美国加强了对市场主体市场操纵行为的监管，要求各区域输电组织建立独立的市场监测机构。二是监管内容和监管方式日趋丰富。随着世界经济及社会形势的变化，传统监管的内容与范围进一步扩大，尤其是促进低碳能源发展的配套监管机制逐步得到建立与完善。英国燃气与电力市场办公室改进了现行的市场激励监管机制，以鼓励低碳能源和智能电网发展，包括对电网企业实施新的激励监管机制、鼓励电网企业建设新的输电线路、鼓励配电企业使用新的智能技术、激励低碳发电技术等。此外受金融危机影响，各国正在加大对电力金融衍生品市场的监管力度。

2.2.4 电网发展的重点是以智能电网为基础的大电网

为了满足日益扩大的跨区跨国电力交易需求和实现远离负荷中心的大规模清洁能源发展的需要，世界各国都在推动跨大区联网和跨国联网的建设，以实现更大范围的资源优化配置。智能电网发展是大电网建设的基础，各国都在加速智能电网建设。美国主要为了拉动内需、通过技术革新更新改造陈旧老化的电力设施、提高能源效率，其智能电网主要指对配电网和长距离输电系统进行数字化升级，加强跨区输电联网，优化输配电系统的运行，侧重于建设现代化电力系统；欧洲国家主要是促进并满足风能、太阳能和生物质能等可再生能源快速发展的需要，重点关注配电网的智能化建设，以用户为中心，便利接入分布式能源，实现高效、持续、经济和安全输送电力的目的。欧洲2009年开展了多条跨国输电线路的建设工作，主要包括挪威和荷兰两国海底输电线路、荷兰和英国之间的输电线路，以及南欧地区400kV跨国交流联网工程。日本则根据自身国情，主要围绕大规模开发太阳能等新能源，确保电网系统稳定，构建智能电网。

2.2.5 电源发展走向清洁化、低碳化、绿色化

面对日益严峻的气候变化和环境污染问题，很多国家纷纷提出本国的可再生能源发展目

标和碳减排目标，并大力支持新能源和可再生能源技术的发展[22-26]。美国《清洁能源安全法案》提出 2020 年至少有 12％的发电量来自可再生能源；英国政府提出 2020 年能源供应的 15％来自可再生能源，并计划投入 4.05 亿英镑用于低碳能源建设；日本政府提出 2020 年可再生能源在终端能源消费中的比重由当前的 10％提高到 20％，并在 2009 年财政预算案中追加 60 亿日元，配合风能、太阳能、蓄电池发电等在边远孤岛的小电网建设；韩国政府提出 2030 年新能源、可再生能源比重达到 11％，2050 年达到 20％以上；澳大利亚提出到 2020 年澳大利亚 20％的电力由可再生能源提供。可以预见，未来 10 年全球将面临可再生能源蓬勃发展的态势，传统能源在终端能源消耗中所占的比重将逐步下降。

2.3　国外电力体制改革的经验启示

电力市场化改革先行于英国和美国，英、美等发达国家在电力市场化改革过程中取得了一系列的成绩，给其他国家留下了许多宝贵的经验[27]。但新兴市场国家毕竟区别于发达国家，在经济发展水平、用户需求层次等方面有自己的特点，同时每个国家的资源禀赋、社会环境也各不相同[25]。俄罗斯、印度、巴西等国并没有照搬发达国家的模式，而是根据自身特点进行改革，取得了许多有益的经验。

2.3.1　电力体制改革要着眼结构转型，促进电力行业低碳绿色发展

随着清洁能源在电力市场中所占比例的提高，电力市场如何适应大规模清洁能源的上网和消纳，已成为亟待解决的问题。世界各国为了应对可再生能源发展带来的挑战，都在探索建立适应可再生能源发展的市场机制，如完善日内市场和辅助服务市场、调整定价机制、建立或完善绿色配额交易机制等。美国正在不断完善实时市场和辅助服务市场，并研究引入新的市场产品和定价机制来促进清洁能源的发展。

我国电力行业已经进入结构转型的关键期，以煤为主的能源结构在低碳社会下不可长期持续。因此应深入学习和借鉴国外经验，通过合理的市场机制设计来促进电力行业的低碳绿色转型[28-31]。必须进行资源性产品和环保收费改革、完善输配电价形成机制、加快推进大用户直购试点、推行居民用电阶梯价格制度、健全可再生能源发电定价和费用的分摊机制等[32]。

2.3.2　电网建设要面向新能源和可再生能源发展，扩大电力市场范围

从各国新能源和可再生能源发展经验看，传统电网接纳多元化电源的能力已成为新能源能否持续发展的关键。清洁能源大规模发展需要电网支持，分布能源发展需要电网进行备用，跨大区资源优化配置更需要电网支撑。美国各州都在大力加强智能电网建设，为建设跨国、跨大区电网打下基础，从而进一步扩大电力市场范围，实现更大范围的资源优化配置。

随着我国经济快速发展，能源与负荷分布不平衡的矛盾日益凸显，全国大范围的能源流动与资源优化配置已成必须。考虑到我国新能源和可再生能源距离负荷中心较远的国情，建立大市场、加快跨省跨区电力交易已成为突破资源瓶颈和促进可再生能源发展的有效方式。目前国内新能源产业中存在着项目审批与电网规划脱节的现象，电网发展滞后于

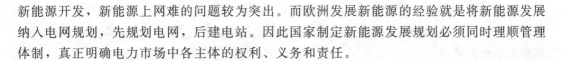

新能源开发，新能源上网难的问题较为突出。而欧洲发展新能源的经验就是将新能源发展纳入电网规划，先规划电网，后建电站。因此国家制定新能源发展规划必须同时理顺管理体制，真正明确电力市场中各主体的权利、义务和责任。

2.3.3 智能电网发展要加强政策引导，发挥市场机制作用

智能电网是一个系统工程，需要较大的投资，且短时期难以收回成本，因此需要政策引导。一些国家已经出台了智能电网发展规划，采取了一系列政策措施引导市场投资智能电网。可再生能源电源以及用户通过智能电网向市场灵活地、自由地买卖电力必须建立相应的市场机制和交易规则，需求侧响应机制就是较合适市场机制之一。发展智能电网不是发展机械的大电网，关键是通过电网建设鼓励电源多元化和消费节约化，使消费者同时变成生产者。

因此智能电网发展要鼓励消费者和企业自行直供。在不同的地理气候和人口分布条件下，各种发电和储能技术的相对优势差别很大，采用何种技术更经济，应由分散的个体和企业自行择优选择。允许社区、乡镇和城市自行选择本地的公共电力配置，允许中小发电单位将剩余电力在社区网络内调剂和交易。开放和用户自主选择条件下的新能源发展，才是基于真实需求的可持续发展，而能源多样化和分散化，也将创造有利于消费者的竞争格局。

2.3.4 电力行业自身要抓住机遇，提高企业国际竞争力

金融危机使大部分企业的财务与经营状况受到了不同程度的影响。部分大型能源电力企业把握机遇，利用自身资金、技术、管理等方面优势，实施并购重组，扩大企业经营范围与经营领域，以较低的成本实现了企业较快扩张，提高了企业的竞争力与影响力。如法国电力集团收购美国清洁能源公司核电资产，德国莱茵集团与荷兰埃森特能源公司合并，意大利基础设施投资基金及法国安盛私募投资公司收购意大利国家电力公司天然气输送网络股份等。我国正处于快速发展期，部分大中型能源电力企业在长期的发展中已积累了丰富的技术与管理优势，同时金融危机对我国国内能源企业负面影响相对较小[33]。因此我国能源及电力企业应积极抓住国际金融危机为企业发展带来的难得机遇，利用企业自身优势积极探索走出去战略，积极发展国际化业务。

2.3.5 电力行业要超前谋划，寻求碳交易与电力交易的协调发展

为促进节能减排，全球碳交易市场正在逐步发展，二氧化碳减排及其相关的金融衍生品交易逐渐增加，并逐渐成为各国电力交易所的新兴交易品种之一。未来碳市场潜力巨大，据世界银行预计，2012 年全球碳市场将达到 1500 亿美元，有望超过石油市场成为世界第一大市场。电力行业作为碳排放大户，碳交易将对电力行业发展以及电力市场运营产生重大的影响。随着碳交易和市场定价机制的形成，各种类型电源的环境成本将得到显性、定量的体现，电力市场中不同市场主体的竞争态势将发生很大变化，电力市场价格也将受到很大影响。

我国已提前实现 2020 年单位 GDP 二氧化碳排放比 2005 年下降 40％～45％的承诺。虽然我国尚未承诺强制性的减排义务，且目前我国的碳交易体系也处于探索和完善阶段，

但是随着全球经济一体化的推进，我国经济、能源和电力发展最终会受到国际碳市场的影响[34,35]。因此应在国际碳市场发展之初就积极融入碳交易领域中，超前谋划我国应对碳问题的战略对策。

2.4　我国新一轮电力体制改革的思路、目标、任务和措施

2.4.1　总体思路

2015 年 3 月，中共中央、国务院印发《关于进一步深化电力体制改革的若干意见》（中发〔2015〕9 号），明确了"三放开、一独立、三强化"的改革"路线图"。通过电力体制改革要实现：一是还原电力商品属性，构建有效竞争的电力市场体系；二是放开发电、售电等竞争性环节，引入竞争机制，提高电力市场整体效率；三是通过优先购电权和发电权的设计，鼓励清洁能源的发电和上网，推进节能减排。

2.4.2　总体目标

深化电力体制改革的指导思想和总体目标是：坚持社会主义市场经济改革方向，从我国国情出发，坚持清洁、高效、安全、可持续发展，全面实施国家能源战略，加快构建有效竞争的市场结构和市场体系，形成主要由市场决定能源价格的机制，转变政府对能源的监管方式，建立健全能源法制体系，为建立现代能源体系、保障国家能源安全营造良好的制度环境，充分考虑各方面诉求和电力工业发展规律，兼顾改到位和保稳定。通过改革，建立健全电力行业"有法可依、政企分开、主体规范、交易公平、价格合理、监管有效"的市场体制，努力降低电力成本、理顺价格形成机制，逐步打破垄断、有序放开竞争性业务，实现供应多元化，调整产业结构，提升技术水平、控制能源消费总量，提高能源利用效率、提高安全可靠性，促进公平竞争、促进节能环保[36-40]。

2.4.3　核心任务

本节围绕电力体制改革的总体思路，从输配电价、交易机构、发用电计划、售电侧、电网接入、监督管理等重点领域，对近期推进电力体制改革的核心任务进行了归纳和梳理。

2.4.3.1　有序推进电价改革

单独核定输配电价。政府定价的范围主要限定在重要公用事业、公益性服务和网络自然垄断环节。政府主要核定输配电价，并向社会公布，接受社会监督。输配电价逐步过渡到按"准许成本加合理收益"原则，分电压等级核定。用户或售电主体按照其接入的电网电压等级所对应的输配电价支付费用。

市场形成公益性以外的发售电价格。放开竞争性环节电力价格，把输配电价与发售电价在形成机制上分开。合理确定生物质发电补贴标准[41]。参与电力市场交易的发电企业上网电价由用户或售电主体与发电企业通过协商、市场竞价等方式自主确定。参与电力市场交易的用户购电价格由市场交易价格、输配电价（含线损）、政府性基金三部分组成。

其他没有参与直接交易和竞价交易的上网电量，以及居民、农业、重要公用事业和公益性服务用电，继续执行政府定价。

妥善处理电价交叉补贴。结合电价改革进程，配套改革不同种类电价之间的交叉补贴。过渡期间，由电网企业申报现有各类用户电价间交叉补贴数额，通过输配电价回收。

2.4.3.2 完善电力交易市场化机制

规范市场主体准入标准。按照接入电压等级、能耗水平、排放水平、产业政策以及区域差别化政策等确定并公布可参与直接交易的发电企业、售电主体和用户准入标准。按电压等级分期分批放开用户参与直接交易，参与直接交易企业的单位能耗、环保排放均应达到国家标准，不符合国家产业政策以及产品和工艺属于淘汰类的企业不得参与直接交易。进一步完善和创新制度，支持环保高效特别是超低排放机组通过直接交易和科学调度多发电。准入标准确定后，省级政府按年公布当地符合标准的发电企业和售电主体目录，对用户目录实施动态监管，进入目录的发电企业、售电主体和用户可自愿到交易机构注册成为市场主体。

引导市场主体开展多方直接交易。有序探索对符合标准的发电企业、售电主体和用户赋予自主选择权，确定交易对象、电量和价格，按照国家规定的输配电价向电网企业支付相应的过网费，直接洽谈合同，实现多方直接交易，短期和即时交易通过调度和交易机构实现，为工商业企业等各类用户提供更加经济、优质的电力保障。

鼓励建立长期稳定的交易机制。构建体现市场主体意愿、长期稳定的双边市场模式，任何部门和单位不得干预市场主体的合法交易行为。直接交易双方通过自主协商决定交易事项，依法依规签订电网企业参与的三方合同。鼓励用户与发电企业之间签订长期稳定的合同，建立并完善实现合同调整及偏差电量处理的交易平衡机制。

建立辅助服务分担共享新机制。适应电网调峰、调频、调压和用户可中断负荷等辅助服务新要求，完善并网发电企业辅助服务考核新机制和补偿机制。根据电网可靠性和服务质量，按照谁受益、谁承担的原则，建立用户参与的服务分担共享机制。用户可以结合自身负荷特性，自愿选择与发电企业或电网企业签订保供电协议、可中断负荷协议等，约定各自的服务权利与义务，承担必要的辅助服务费用，或按照贡献获得相应的经济补偿。

完善跨省跨区电力交易机制。按照国家能源战略和经济、节能、环保、安全的原则，采取中长期交易为主、临时交易为补充的交易模式，推进跨省跨区电力市场化交易，促进电力资源在更大范围优化配置。鼓励具备条件的区域在政府指导下建立规范的跨省跨区电力市场化交易机制，促使电力富余地区更好地向缺电地区输送电力，充分发挥市场配置资源、调剂余缺的作用。积极开展跨省跨区辅助服务交易。待时机成熟时，探索开展电力期货和电力场外衍生品交易，为发电企业、售电主体和用户提供远期价格基准和风险管理手段。

2.4.3.3 形成公平规范的市场交易平台

科学合理定位电网企业功能。遵循市场经济规律和电力技术特性，改变电网企业集电力输送、电力统购统销、调度交易为一体的状况，电网企业主要从事电网投资运行、电力传输配送，负责电网系统安全，保障电网公平无歧视开放，按国家规定履行电力普遍服务义务，继续完善主辅分离。

改革和规范电网企业运营模式。电网企业不再以上网电价和销售电价价差作为收入来源，按照政府核定的输配电价收取过网费。确保电网企业稳定的收入来源和收益水平。规范电网企业投资和资产管理行为。

组建和规范运行电力交易机构。将原来由电网企业承担的交易业务与其他业务分开，实现交易机构相对独立运行。电力交易机构按照政府批准的章程和规则为电力市场交易提供服务。相关政府部门依据职责对电力交易机构实施有效监管。

完善电力交易机构的市场功能。电力交易机构主要负责市场交易平台的建设、运营和管理，负责市场交易组织，提供结算依据和服务，汇总用户与发电企业自主签订的双边合同，负责市场主体的注册和相应管理，披露和发布市场信息等。

2.4.3.4 推进发用电计划改革

有序缩减发用电计划。根据市场发育程度，直接交易的电量和容量不再纳入发用电计划。鼓励新增工业用户和新核准的发电机组积极参与电力市场交易，其电量尽快实现以市场交易为主。

完善政府公益性调节性服务功能。政府保留必要的公益性调节性发用电计划，以确保居民、农业、重要公用事业和公益性服务等用电，确保维护电网调峰调频和安全运行，确保可再生能源发电依照规划保障性收购。积极开展电力需求侧管理和能效管理，通过运用现代信息技术、培育电能服务、实施需求响应等，促进供需平衡和节能减排。加强老少边穷地区电力供应保障，确保无电人口用电全覆盖。

提升以需求侧管理为主的供需平衡保障水平。政府有关部门要按照市场化的方向，从需求侧和供应侧两方面入手，搞好电力电量整体平衡。提高电力供应的安全可靠水平。常态化、精细化开展有序用电工作，有效保障供需紧张下居民等重点用电需求不受影响。加强电力应急能力建设，提升应急响应水平，确保紧急状态下社会秩序稳定。

2.4.3.5 稳步推进售电侧改革

鼓励社会资本投资配电业务。按照有利于促进配电网建设发展和提高配电运营效率的要求，探索社会资本投资配电业务的有效途径。逐步向符合条件的市场主体放开增量配电投资业务，鼓励以混合所有制方式发展配电业务。

建立市场主体准入和退出机制。根据开放售电侧市场的要求和各地实际情况，科学界定符合技术、安全、环保、节能和社会责任要求的售电主体条件。明确售电主体的市场准入、退出规则，加强监管，切实保障各相关方的合法权益。电网企业应无歧视地向售电主体及其用户提供报装、计量、抄表、维修等各类供电服务，按约定履行保底供应商义务，确保无议价能力用户也有电可用。

多途径培育市场主体。允许符合条件的高新产业园区或经济技术开发区组建售电主体直接购电；鼓励社会资本投资成立售电主体，允许其从发电企业购买电量向用户销售；允许拥有分布式电源的用户或微网系统参与电力交易；鼓励供水、供气、供热等公共服务行业和节能服务公司从事售电业务；允许符合条件的发电企业投资和组建售电主体进入售电市场，从事售电业务[42-43]。

赋予市场主体相应的权责。售电主体可以采取多种方式通过电力市场购电，包括向发电企业购电、通过集中竞价购电、向其他售电商购电等。售电主体、用户、其他相关方依法签订合同，明确相应的权利义务，约定交易、服务、收费、结算等事项。鼓励售电主体创新服务，向用户提供包括合同能源管理、综合节能和用能咨询等增值服务。各种电力生产方式都要严格按照国家有关规定承担电力基金、政策性交叉补贴、普遍服务、社会责任等义务。

2.4.3.6　建立分布式电源发展新机制

积极发展分布式电源。分布式电源主要采用"自发自用、余量上网、电网调节"的运营模式，在确保安全的前提下，积极发展融合先进储能技术、信息技术的微电网和智能电网技术，提高系统消纳能力和能源利用效率。

完善并网运行服务。加快修订和完善接入电网的技术标准、工程规范和相关管理办法，支持新能源、可再生能源、节能降耗和资源综合利用机组上网，积极推进新能源和可再生能源发电与其他电源、电网的有效衔接，依照规划认真落实可再生能源发电保障性收购制度，解决好无歧视、无障碍上网问题。加快制定完善新能源和可再生能源研发、制造、组装、并网、维护、改造等环节的国家技术标准。

加强和规范自备电厂监督管理。规范自备电厂准入标准，自备电厂的建设和运行应符合国家能源产业政策和电力规划布局要求，严格执行国家节能和环保排放标准，公平承担社会责任，履行相应的调峰义务[44-45]。拥有自备电厂的企业应按规定承担与自备电厂产业政策相符合的政府性基金、政策性交叉补贴和系统备用费。完善和规范余热、余压、余气、瓦斯抽排等资源综合利用类自备电厂支持政策。规范现有自备电厂成为合格市场主体，允许在公平承担发电企业社会责任的条件下参与电力市场交易。

全面放开用户侧分布式电源市场。积极开展分布式电源项目的各类试点和示范。放开用户侧分布式电源建设，支持企业、机构、社区和家庭根据各自条件，因地制宜投资建设太阳能、风能、生物质能发电以及燃气"热电冷"联产等各类分布式电源，准许接入各电压等级的配电网络和终端用电系统。鼓励专业化能源服务公司与用户合作或以"合同能源管理"模式建设分布式电源。

2.4.3.7　加强电力统筹规划和科学监管

加强电力行业特别是电网的统筹规划。政府有关部门要认真履行电力规划职责，优化电源与电网布局，加强电力规划与电源规划之间、全国电力规划与地方性电力规划之间的有效衔接。提升规划的覆盖面、权威性和科学性，增强规划的透明度和公众参与度，各种电源建设和电网布局要严格按规划有序组织实施[46-47]。电力规划应充分考虑资源环境承载力，依法开展规划的环境影响评价[48]。规划经法定程序审核后，要向社会公开。建立规划实施检查、监督、评估、考核工作机制，保障电力规划的有效执行。

加强电力行业及相关领域科学监督。完善电力监管组织体系，创新监管措施和手段，有效开展电力交易、调度、供电服务和安全监管，加强电网公平接入、电网投资行为、成本及投资运行效率监管，切实保障新能源并网接入，促进节能减排，保障居民供电和电网安全可靠运行[49]。加强和完善行业协会自律、协调、监督、服务的功能，充分发挥其在政府、用户和企业之间的桥梁纽带作用。

减少和规范电力行业的行政审批。进一步转变政府职能、简政放权，取消、下放电力项目审批权限，有效落实规划，明确审核条件和标准，规范简化审批程序，完善市场规划，保障电力发展战略、政策和标准有效落实。

建立健全市场主体信用体系。加强市场主体诚信建设，规范市场秩序。有关部门要建立企业法人及其负责人、从业人员信用记录，将其纳入统一的信用信息平台，使各类企业的信用状况透明、可追溯、可核查[50]。加大监管力度，对企业和个人的违法失信行为予以公开，违法失信行为严重且影响电力安全的，要实行严格的行业禁入措施。

抓紧修订电力法律法规。根据改革总体要求和进程，抓紧完成《中华人民共和国电力法》的修订及相关行政法规的研究起草工作，充分发挥立法对改革的引导、推动、规范、保障作用。加强电力依法行政。加大《中华人民共和国可再生能源法》的实施力度。加快能源监管法规制定工作，适应依法监管、有效监管的要求，及时制定和修订其他相关法律、法规、规章。

2.4.4　配套措施

2015 年底，国家发展改革委和国家能源局发布了推进电力体制改革落地生效的六大配套文件，分别为《关于推进输配电价改革的实施意见》《关于推进电力市场建设的实施意见》《关于电力交易机构组建和规范运行的实施意见》《关于有序放开发用电计划的实施意见》《关于推进售电侧改革的实施意见》《关于加强和规范燃煤自备电厂监督管理的指导意见》。配套文件覆盖了电力生产、传输、供应的全过程，从输配电价、交易机构、发用电计划、售电侧等重点领域进行了部署。这标志着新一轮电力体制改革进入全面实施阶段。新一轮电力体制改革六大配套措施图解如图 2.1 所示。

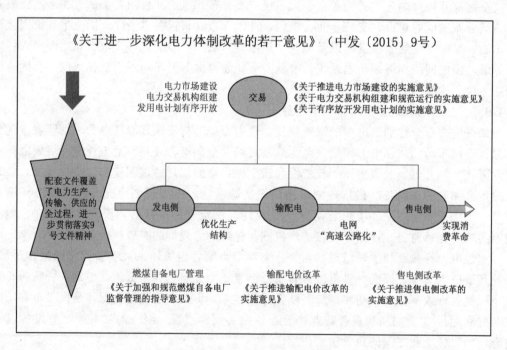

图 2.1　新一轮电力体制改革六大配套措施图解

　　上述六大重要配套文件是一个有机整体，完整构成了相关重要改革的"操作手册"。它们为推动中发〔2015〕9号文件的落地、建立电力市场提供了基本依据。

　　《关于推进电力市场建设的实施意见》的主要内容是：按照管住中间、放开两头的体制架构，构建有效竞争的电力市场结构和体系；引导市场主体开展多方直接交易，建立长期稳定的交易机制，建立辅助服务共享新机制，完善跨省跨区电力交易机制。

　　《关于电力交易机构组建和规范运行的实施意见》的主要内容是：建立相对独立的电力交易机构，形成公平规范的市场交易平台；将原来由电网企业承担的交易业务和其他业务分开，实现交易机构相对独立；电力交易机构按照政府批准的章程和规则为电力市场交易提供服务；相关政府部门依据职责对电力交易机构实施有效监管。

　　《关于推进售电侧改革的实施意见》的主要内容是：向社会资本开放售电业务，多途径培育售电侧市场竞争主体；售电主体设立将不搞审批制，只有准入门槛的限制；售电主体可以自主和发电企业进行交易，也可以通过电力交易中心集中交易；交易价格可以通过双方自主协商或通过集中撮合、市场竞价的方式确定。

　　《关于推进输配电价改革的实施意见》的主要内容是：政府按照"准许成本加合理收益"的原则，有序推进电价改革，理顺电价形成机制；核定电网企业准许总收入和各电压等级输配电价，明确政府性基金和交叉补贴，并向社会公布，接受社会监督；电网企业将按照政府核定的输配电价收取过网费，不再以上网电价和销售电价价差作为主要收入来源。

　　《关于有序放开发用电计划的实施意见》的主要内容是：建立优先购电制度保障无议价能力的用户用电，建立优先发电制度保障清洁能源发电、调节性电源发电优先上网；通过直接交易、电力市场等市场化交易方式，逐步放开其他的发用电计划；在保证电力供需平衡、保障社会秩序的前提下，实现电力电量平衡从以计划手段为主平稳过渡到以市场手段为主。

第3章 新一轮电力体制改革背景下水电发展的机遇和挑战

"十二五"规划指出，"在做好生态保护和移民安置的前提下积极发展水电，重点推进西南地区（四川、云南、贵州）大型水电站建设"。2016 年国家能源局发布《水电发展"十三五"规划》强调：落实创新、协调、绿色、开放、共享的发展理念，在保护好生态环境和妥善安置移民的前提下积极稳妥的发展水电。"十三五"期间，我国水电装机容量达 3.65 亿 kW，超过 3.4 亿 kW 的"十三五"目标，常规水电新增开工约 3400 万 kW。与此同时，我国抽水蓄能装机 3119 万 kW，抽水蓄能选点规划不断调整，核准开工华北电网、华东电网等多个大型抽水蓄能电站，规模共计 3333 万 kW。面对新一轮的电力体制改革，我国的能源政策为什么仍然选择优先发展水电？我国的水电开发又面临哪些机遇和挑战？

3.1 优先发展水电的必要性

3.1.1 中国水电发展伴随国际关注

改革开放以来我国水电发生了翻天覆地的变化。从数据上看：我国从改革初期 1977 年的水电装机 1576.5 万 kW、发电量 476.5 亿 kW·h，增长到 40 年后 2017 年底水电总装机 3.4 亿 kW、发电量 11898 亿 kW·h 时，增长幅度已超过 20 倍。我国的水电装机和发电量均超过了全球的四分之一，分别占到了全球总量的 27% 和 28%。

我国水电这种持续的高速增长，在全世界的范围内绝对是绝无仅有的，这也是我国水电的设计、建设、制造水平全面领先的一种体现。早在 20 世纪 70 年代，我国乌江渡水电站（图 3.1）的成功建成、蓄水，突破了喀斯特地区水电建设的禁区，第一次让国际社会看到来自中国水电建设的创新。我国改革开放之后，中国水电经历了从学习、追赶到创新、超越的不断探索。今天的中国水电已经是当之无愧的世界第一。无论从规模、效益、成就，还是从规划、设计、施工建设、装备制造水平上都已经是绝对的世界领先，成为国际水电工程界关注的焦点。

与此同时，我国水电"走出去"战略也取得了积极进展。如今中国水电已成为我国推进"一带一路"建设的一支重要力量。中国水电已在"一带一路"沿线国家建立起了多个当地的"三峡工程"，如马来西亚巴贡水电站（图 3.2）、苏丹麦洛维水电站（图 3.3）、几内亚乐塔水电站（图 3.4）等。截至 2019 年，我国已与 100 多个国家和地区建立了水电开发多形式的合作关系，承接了 60 多个国家的电力和河流规划，业务覆盖全球 140 多个国家，

图 3.1　乌江渡水电站

图 3.2　马来西亚巴贡水电站

图 3.3　苏丹麦洛维水电站

在建项目合同总额超过 1500 亿美元，国际项目签约额名列我国"走出去"行业前茅。我国水电发展已成为适应国际形势、符合国家战略、提升国际竞争力的重要标志。

图 3.4　几内亚乐塔水电站

3.1.2　全球气候变化及履约

2009 年 9 月 22 日，联合国气候变化峰会在纽约联合国总部举行，中国国家主席胡锦涛出席峰会，代表中国政府提出了 2020 年单位国内生产总值二氧化碳排放比 2005 年有显著下降，非化石能源占一次能源消费比重达到 15％左右等目标。2009 年 12 月 7—19 日，《联合国气候变化框架公约》缔约方第 15 次会议在丹麦首都哥本哈根召开，全世界 192 个国家领导人围绕《京都议定书》的后续问题，即 2012—2020 年的全球减排协议等问题展开讨论，中国国家总理温家宝代表中国政府向世界正式承诺 2020 年单位国内生产总值二氧化碳排放比 2005 年下降 40％～45％。

中国作为世界上人口最多的发展中国家，积极参与世界共同应对全球气候变化的行动，主动作出减排承诺，体现了负责任的大国形象，但是我国发展经济、改善民生任务十分艰巨，目前正处于工业化、城镇化快速发展的关键阶段，实现减排目标需要付出艰苦卓绝的努力。目前，中国温室气体排放绝大部分源于能源的供应与消费，而大量使用化石能源导致的能源结构不合理是中国温室气体排放量居高不下的主要原因。因此，需要站在应对全球气候变化的高度，对我国能源发展战略进行优化布局。2014 年我国非化石能源消费占能源总消费比例为 11％，从 1980 年到 2014 年中国水力发电量共计 10546TW·h，与同等的火电相比累计减排量达 11.1GT（二氧化碳当量）[51]。根据我国资源禀赋以及能源消费特点，从全球碳循环角度来看，大力发展水电是应对全球气候变化和履行碳减排承诺的必然选择。

3.1.3　中国能源需求和电力结构

中国电力构成如图 3.5 所示，以火电为主，水电次之。火电包括煤电和天然气气电，煤电占 90％以上。2020 年，我国全口径发电总装机容量为 220058 万 kW，其中火电装机容量为 124517 万 kW，占总装机容量的 56.58%；水电装机容量为 37016 万 kW，占总装机容量的 16.82%。煤电不仅加剧了全国各地的货运负担，与其他弊端相比，最严重的问题是造成了巨大的温室气体排放。因此，针对现有煤电不断地进行技术创新以减少温室气体排放尤为迫切。

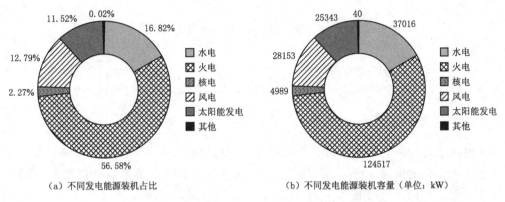

（a）不同发电能源装机占比　　　　　　　（b）不同发电能源装机容量（单位：kW）

图 3.5　2020 年中国电力构成（资料来源：国家能源局）

受俄罗斯和日本核电站安全事故的影响，核电安全问题引发了诸多担忧。2012 年 10 月 24 日，中国政府决定"十二五"期间只在沿海发达地区安排少量核电站，内陆地区不安排。未来核电的发展前景更多的将取决于自身技术的不断发展和完善。

另外，以风电和太阳能为代表的新能源在中国电价补贴政策的刺激下蓬勃发展。以风电为例，2014 年我国风电总装机容量达到 9657 万 kW，超过美国成为世界第一；但与我国其他能源发电相比，风电只占全国发电装机容量比例不足 10%，占全国发电量比例只有 2.85%。另外，这些新能源由于供电不稳定性，常常在电网运行中显现出先天不足。

事实上，没有一种能源是理想和完美无缺的。因此，按照中国哲学的说法，"两利相权取其大""两害相权取其轻"，水电在多种能源的比较中艰难前行，以其技术成熟、供应稳定和温室气体减排等物质，成为中国电力发展的优先选择。

3.1.4　水电的其他综合效益

水电是世界各国都优先开发的能源，如瑞士、法国的水电开发程度达到 97%，西班牙、意大利达到 96%，日本达到 84%，美国达到 73%。按发电量计算，目前我国水电的开发程度仅 39%，虽然与发达国家还有一定差距，但我国水电具有得天独厚的资源优势，在未来仍有巨大的发展空间。

在 2018 年 5 月 21 日召开的"水电与未来能源体系北京论坛"中，来自中国发展改革委和国家能源局的领导及专家、国内外水电行业同仁共同探讨了清洁能源可持续发展道路，并对我国水电发展带来的巨大综合效益达成共识，一致认为除温室气体减排和电力供应以外，水电还兼有防洪防凌、农业灌溉、供水、航运、水产和流域水资源优化配置等大量的综合效益。

通过水电开发还可以带动当地经济发展，促进当地基础设施的建设和相关产业的发展，促进库区产业结构调整，促进资源优势转化为经济优势；能够带动移民脱贫致富及扶持移民发展生产，真正实现"搬得出、稳得住、生活逐步能提高"的目标，不断改善移民生存和发展条件，促进经济发展和社会稳定。可以预见，在我国的未来能源体系中，水电必将发挥越来越重要的作用。

3.2　水电发展的机遇

我国新一轮的电力体制改革已经逐步展开，各项试点工作正积极有序地进行。随着电力改革的深入，水电业面临着中华人民共和国成立以来最好的发展机遇。

3.2.1　水电开发生产利润优厚

电力改革之后电价竞争性机制全面放开。按以往的标准看，就发电设备而言，水电比火电单位千瓦造价高40%，历史上正是高成本投资和较长的建设期限限制了国内水电开发的进度。但是随着国家对环保控制要求的提高，若考虑到火电厂脱硫、脱硝、除尘等环保要求的所需资金（约占总投资的1/3），水电的建设成本与火电差距大幅缩小。另外，水电站的长运营期和低运行成本也是火电站远远不及的。目前国内水电公司运行成本一般是 $0.04\sim0.09$ 元/$(kW\cdot h)$。而火电厂需要购买和运输大量燃料，约占火力发电总成本的 $60\%\sim70\%$，目前火电运行成本是 0.19 元/$(kW\cdot h)$，随着煤炭价格的上涨，火电厂的发电成本还将上升。因此，未来发电公司竞价上网时，水电行业优势明显[52-55]。

3.2.2　水电发展符合国家能源结构调整方向

电力体制改革后，国家将形成激励清洁能源发展的新机制。水电是清洁、廉价、可再生的绿色环保能源，并且往往具备防洪、灌溉、滞洪、错峰、拦沙等多种功能。此外，与煤炭、石油、天然气等石化能源相比，水力资源属再生资源，理论上永不枯竭，只要水流不断将永远发电。因此世界上绝大多数国家都是优先发展水电，让水电优先上网。我国也积极运用市场手段，调控火电的比例，通过减少对煤炭生产的补贴，强化火电厂的环保排放标准。

3.2.3　水电行业可以利用电力改革掌握部分终端客户

电力体制改革后，将允许发电公司和单独的大客户进行直供，供电价格由双方根据市场供求情况进行协商[56-59]。这对低成本的水电行业是巨大的机遇，不仅有利于提高电力销售量，以及通过减少供电环节，提高售电价格，而且通过直接掌握一部分终端电力消费者，减少未来电网公司的依赖[60]，减少在丰水期的弃电，使水电的电量销售更有保障。

3.2.4　水电开发建设具备良好的外部环境

电力买方市场的出现为我国电力结构调整带来契机。水电作为清洁和可再生能源是世人公认的。水电的规模开发效益以及在电力系统中特有的运行灵活性和低成本性，使水电在电力系统中的作用和地位会随着社会经济的发展越来越体现出来。另外，水电站在历年抗洪中发挥了巨大的防洪效益，大大减少了洪水灾害给人民生命和财产所造成的损失，使得国家和社会对水电行业社会功能的重视程度加强。

3.2.5　水电开发投资前景看好

水电开发具有投资大，投资周期长，开发技术成熟，市场需求稳定，投资风险小，远期投资有稳定的、长期的、优厚的利润回报等特点。只要我国理顺电力体制，市场化程度成熟，法制完备，水电开发是国际投资者特别是国际上保险等金融机构投资者首选的领域[61-64]。目前我国金融环境与贷款政策也为水电行业发展提供了良好的基础。

3.3　水电发展面临的挑战

从中国能源发展战略和水电资源的特性，以及水电在能源结构中承担的特殊作用看，合理的开发建设水电是必要的，经济技术方面也是可行的。但水电开发带来了大量的移民搬迁、自然环境与社会的改变，也带来了工程建设与环境保护的矛盾以及移民搬迁与社会稳定等问题。《水电发展"十三五"规划（2016—2020年）》再次强调了"在当前形势下，生态环保压力不断加大、移民安置难度持续提高，移民和环保成为水电开发的面临两大难题"。

《水电发展"十三五"规划（2016—2020年）》指出，随着经济社会的发展和人们环保意识的提高，特别是生态文明建设，对水电开发提出了更高要求。一方面，随着水电开发不断推进和开发规模的扩大，我国剩余水电开发条件相对较差，敏感因素相对较多，面临的生态环境保护压力加大。另一方面，我国待开发水电主要集中在西南地区大江大河上游，经济社会发展相对滞后，移民安置难度加大。同时，民众希望水电开发能够扶贫帮困，促进地方经济发展，由此将脱贫致富的期望越来越多地寄托在水电开发上，进一步加大了移民安置的难度。

3.3.1　环保问题

3.3.1.1　我国水电开发主要环境问题及影响

环境影响一直以来都是水电开发中最具争议的话题，要在发展水电的同时，深入研究水电开发的环境问题，正确处理好发展水电和保护环境之间的关系，做到可持续发展。我国水电开发的环境问题及影响主要包括以下方面：

（1）对生态环境的影响。水电工程建坝蓄水发电运行后，连续河道变成了分段型河道，使天然河流的流量、流速、水位等水文、水动力、泥沙情势发生明显变化，引起水生态环境发生显著变化。工程建库蓄水将淹没一定数量的原有植被，也可能会使一些珍稀动植物消失；工程施工、移民安置期间因平整、占压、开挖、新开耕地、改田改土等活动将对地表植被造成破坏，可能导致新的水土流失。一些工程还可能会涉及自然保护区、风景名胜区、水源保护区等生态敏感区。

（2）对水环境的影响。建高坝大库，将改变天然河流水温，坝前垂向水温呈现出明显分层现象，水温分层将使水库下层的水体水温常年维持在较稳定的低温状态。特别是连续的梯级开发，将使水温恢复更加困难。河段水温的改变，将对水生生物等产生一定的不利影响。

另外，引水式和混合式水电开发方式，如无法保证坝下下泄生态流量，还将造成季节性或全年一定长度河段的减水情况发生。筑坝建库后由于水深增加，流速减小，改变了原库区河段的天然水动力学特征以及水体自净能力，水库蓄水初期有可能导致库区及坝址下游水质短期恶化。但就水库库区整个水体而言，出现富营养化的可能性较小，对局部流速小、水深较浅的库湾、支流库尾可能出现不同程度富营养化。在库区生态保护措施得当、污染源有效控制的情况下，水库水体水质可维持在较好的水平。

（3）水库淹没与移民安置的环境影响。水电工程存在不同程度的水库淹没，需进行一定数量规模移民安置。水库蓄水使库区原有农田减少，特别是对于土地资源较为匮乏的山区，移民安置与解决耕地问题的矛盾更加尖锐。一些地区在移民安置过程中，毁林开荒、陡坡开荒，造成库区的水土流失情况严重，泥石流、滑坡和崩塌加速了自然生态问题的恶化，有时甚至导致二次搬迁，这也是有些移民长期生活贫困、移而不稳的重要原因。移民安置解决不好，随之而来也会造成当地环境质量的退化。

（4）施工期对环境的影响。水电工程一般施工规模较大，施工周期较长，施工人数和施工机械较多。在施工过程中因工程占地、采石、取土、弃渣等活动对地表植被影响较大，防护措施不当容易产生严重的水土流失。施工活动的地表扰动，可能会影响有些陆生动物的栖息地。施工生产生活区废水对周围水环境也可能会造成一定的影响。另外，设计阶段和施工阶段环节多、周期较长，若缺乏监督机制，如不在设计和施工期落实，一些环保措施在环保验收时就很难补救。

随着水电发展环保意识的提高，2017 年 10 月中共十九大明确将建设生态文明提升为中华民族永续发展的"千年大计"，必须树立和践行绿水青山就是金山银山的理念，坚持节约资源和保护环境的基本国策。在保护生态的前提下发展经济已经成为政府工作的重点，政府和各水电开发公司正在积极探索减免不利影响的途径，如生态调度、分层取水、增殖放流、调水调沙、支流替代生境保护等措施。但是，由于生态问题的长期性和复杂性，这些措施能否真正解决问题，值得长期监测和研究。

3.3.1.2　我国水电开发环保工作进展

1. 水电开发环保理念

我国从中华人民共和国成立初期至 1979 年的水电开发环境保护工作处于萌芽阶段，由于经济社会发展水平低，重视水电工程"综合利用"效益和渔业资源保护，而未考虑把水电开发的环境影响作为工程建设的重要论证指标。但随着社会的进步和科学的发展，环保理念也随之不断进步。1979 年，我国颁布了《中华人民共和国环境保护法（试行）》，正式确立了环境影响评价制度，环境许可逐渐成为决定水电工程建设的重要指标，水电环保理念有了质的飞跃。

21世纪以来，我国更加注重水电开发的环境保护工作，"十一五"规划纲要提出了"在保护生态基础上有序开发水电"，"十二五"规划纲要又明确提出了"在做好生态保护和移民安置的前提下积极发展水电"的方针，"十三五"规划纲要再次强调应"统筹水电开发与生态保护，坚持生态优先"。与此同时，生态环境部进一步提出了"生态优先、统筹考虑、适度开发、确保底线"的水电环保管理方针，水电开发的环保意识不断加强。

2. 水电开发环境管理

从20世纪70年代末至今，我国已建立起比较全面的建设项目环境管理体系。以《中华人民共和国环境保护法》《建设项目环境保护管理办法》和《建设项目环境保护管理条例》等有关法律法规为基础，以环境影响评价和"三同时"制度为核心，我国对水电工程从流域规划到项目开发均执行了较为严格的环境管理制度，建立了比较健全的管理程序和环境影响评价技术规范，为实现水电开发环境保护工作提供了保障。目前我国的水电建设项目基本纳入了环境管理轨道。主要有：①水电规划阶段，开展规划环境影响评价工作；②可行性研究阶段，开展建设项目环境影响评价工作；③开展水土保持方案编制和环境保护设计工作。同时，水电建设期环境保护工作执行环境保护"三同时"及"竣工验收"制度。

"三同时"即必须与主体工程同时设计、同时施工、同时投产使用。建设项目竣工后，环境保护行政主管部门依据环境保护验收监测或调查结果，并通过现场检查等手段，考核该建设项目是否达到环境保护要求。通过"三同时"及"竣工验收"制度，确保了工程建设过程中环境保护措施的落实和执行。

此外，还逐步开展了水电工程环境影响后评价工作，通过环境影响后评价，对水电工程运行中长期的环境影响及环保措施有效性进行验证，并提出改进及补救措施。水电开发各阶段环境保护管理要求及工作内容见表3.1。

表3.1　　　　　　　　我国水电开发环境保护管理要求及工作内容

工作阶段	环境保护管理要求	主要环保工作内容
规划	规划环境影响评价	明确控制性因素和保护目标； 优化水电开发规模和布局
预可行性研究	建设项目环境影响初步评价	初步判断项目环境可行性； 提出对策措施及方案
可行性研究	建设项目环境影响评价； 环境保护措施设计	全面评价环境影响； 论证环保措施技术经济可行性； 开展环保措施设计
招标与施工	环保设计； 环保措施实施； 环境监理； 初期蓄水验收	环保措施分标设计； 环保措施优化设计与实施； 开展环境监理； 水库蓄水前进行环保验收
竣工验收	环境保护验收	技术评估； 现场验收
运行	环境保护管理；环境影响后评价	流域生态调度管理； 流域及水电工程后评价与研究

3. 水电开发环保措施

随着水电开发环保意识全面提升，我国水电环保措施体系进入了快速发展阶段，也取得了一系列的成效。针对我国水电开发的施工期和运行期两个阶段，分别采取了包括水环境保护、大气环境保护、声环境保护、固体废弃物处理与处置、生态环境保护等多方面的环境保护措施，形成了较为完整的措施体系。

在各项水电开发环境保护措施中，水电工程对水生生态影响的减缓措施发展尤为迅速[64,65]。针对我国水电工程建设导致鱼类生境片段化、鱼类"三场"破坏、水库低温水下泄、河流水文情势改变等不利影响，分别采取了进行鱼类栖息地保护、修建鱼道等过鱼设施、建设鱼类人工产卵场、设立鱼类增殖放流站、设计分层取水口等环境保护措施（图3.6～图3.8）。如我国糯扎渡水电站采用了分层取水，以减缓低温水下泄情况；黄登水电站设计了鱼类增殖放流站，以增加流域鱼类资源量等。

图 3.6　糯扎渡水电站珍稀鱼类人工增殖站

图 3.7　黄登水电站鱼类增殖站（一期）

图 3.8 黄登水电站鱼类增殖站（二期）

目前，我国水电工程的环境保护工作，已开展了大量的科学研究和实践，取得了丰硕的成绩。但水电项目的环境保护工作仍然存在"重建设、轻运行""重措施、轻效果""重满足审批、轻履行社会责任"的现象，成为今后水电可持续发展面临的重要挑战。

3.3.2 移民问题

3.3.2.1 我国水电开发移民特点及重要性

水电工程移民是水电工程建设的重要组成部分，涉及政治、经济、文化、社会、人口、资源、环境、工程技术等诸多领域，是一项复杂的系统工程。水电工程移民问题解决得好坏，直接关系到水电工程是否顺利建设，更关系到广大移民的切身利益，关系到社会的稳定。水电工程移民已成为水电事业发展的重要制约因素，也是世界各国在水资源开发利用中普遍关注和研究的重要课题。考察世界范围内的水电工程移民现象，不难发现，水利水电工程移民的过程也是各种利益（包括当地政府、项目法人、设计单位、移民等）的博弈过程，整个过程曲折而复杂，利益博弈和调整伴随着整个水电工程移民的历史。

在中国，水电工程移民问题同样是一个复杂的社会问题，它涉及一系列有关我国发展的重大问题，如公平、发展、地区差距、利益冲突、社会稳定、生态保护、三农问题等；同时还涉及政策与标准、体制与机制、经济基础与社会环境、民族风俗与传统文化等各个方面。我国水电开发移民的特点主要包括以下方面：

（1）淹没损失量大且集中。一座大中型水库的移民少则几千人，多则几万几十万人，淹没涉及的范围往往是若干个乡、镇、县，甚至整个县城被淹，如三门峡、丹江口、新安江等水利的移民都搬迁了好几个县城。在建的三峡水利枢纽淹没涉及 19 个县，移民达 100 余万人，搬迁任务异常艰巨。

（2）移民安置土地容量紧张。我国水电工程涉及的区域大部分为农村地区，人口也以农村人口为主，对土地的依赖性大。基于我国人多地少这一国情，多数水库所在地区耕地少、人口多的状况尤其突出，加上农村土地承包责任制的实行，包括山林在内，都由农民承包使用，调剂余地极为有限。开发荒山、荒地也受到各种自然条件等因素的限制。土地资源的紧张使得安置移民的难度增大。

（3）移民周期长。首先是安置工作周期长。由于移民人数多，环境容量偏紧，新安置地基础条件差，重建家园相当艰难，有的甚至还需要经历二次、三次搬迁。因此，要将移民安置好，达到搬得出、稳得住、逐步能致富目标，并具备长治久安的生产生活条件，往往需要 10 年甚至几十年的时间。其次是移民生活水平恢复时间长。水库移民绝大部分为农民，他们祖祖辈辈务农为生。水库淹没了他们赖以生存的耕地、园地和房屋，使他们不得不到他乡重建家园。由于我国人多地少的矛盾尖锐，想使移民搬迁后得到和以前拥有的数量和质量相当的耕地是非常困难的。要使移民生活达到或超过原有水平，必须有足够的资金和时间，必须作坚持不懈的努力。

（4）移民传统意识重。土地被淹没给移民带来重要经济损失，涉及移民的社会、文化、人际关系等方面的破坏、解体，同时也增加了移民的心理矛盾和社会压力。因此，世界各国将水库移民称之为非自愿移民。非自愿移民的属性，一是普遍留恋故土，不愿远走他乡；二是面临生产生活环境的改变；三是对未来生存条件怀有疑虑心理。这就从根本上决定了水库移民是一件复杂、繁重而又特殊的工作，既要使他们具备新的能够适应的生产生活环境和条件，又要使他们克服心理矛盾。因此，在制定社会吸纳移民的安置方案时需要认真对待、妥善处理非自愿移民特殊群体的诸多社会因素如少数民族问题、生活习惯问题、社区调整问题等。

随着我国西部大开发和水电事业的迅猛发展，势必引起大量的水利水电工程移民，水利水电工程移民将与我国水电发展长期共存，也将成为制约和影响水利水电工程建设的重要因素。正如潘家铮、陆佑楣在联合国水电与可持续发展研讨会上指出的"开发水电需付出淹地和移民的代价，这是许多人反对修水电的主要理由之一。与淹地伴生且更难处理的问题是移民，移民工作十分复杂困难，做好水库移民搬迁是水电项目成败的关键"。

3.3.2.2 我国水电移民存在的主要问题及困难

我国水电移民跨越了从计划经济到社会主义市场经济的不同时代，近年来水电移民问题已引起中央的高度重视，国务院出台了一系列改善移民条件的政策，为移民带来了希望。但是不可否认，当前水电移民的问题依然十分突出，老水库移民遗留问题仍然存在；新水库移民补偿标准不断提高，移民政策不断完善，移民安置条件越来越好，但难度越来越大，矛盾也逐步凸显。各类型主体之间矛盾重重，老水库移民与新水库移民之间的矛盾，移民补偿标准增加与移民期望之间的矛盾，移民住房改善与发展后劲不足的矛盾，资源开发与地方受益的矛盾，水电企业和地方政府的矛盾、发展和现实的矛盾等。在新形势下，移民工作又面临许多新情况、新问题，并伴随我国水电开发的高潮而更加突出。

1. 重工程、轻移民的水电开发观念依然存在

在以往和现在在建的大中型水电工程中，"重工程，轻移民；重搬迁，轻安全；重业主，轻地方；重强制，轻安抚"的传统观念依然存在。虽然国务院先后出台若干移民管理条例和政策，如《大中型水利水电工程建设征地补偿和移民安置条例》（国务院第 471 号

令)(根据 2013 年 7 月 18 日《国务院关于废止和修改部分行政法规的决定》第一次修订,根据 2013 年 12 月 7 日《国务院关于修改部分行政法规的决定》第二次修订,根据 2017 年 4 月 14 日《国务院关于修改〈大中型水利水电工程建设征地补偿和移民安置条例〉的决定》第三次修订)、《国务院关于完善大中型水库移民后期扶持政策的意见》(国发〔2006〕17 号)等,对改善移民工作起了关键作用,但是移民工作在规划、安置、扶持等各个具体实际操作中,依然困难重重。项目法人要效益、地方政府要政绩、移民群众要权益的利益博弈中,移民通常处于弱势地位。有的水利工程从设计方到业主,甚至到地方政府,没有把移民工作放在应有的位置上,不按科学规律办事,导致移民安置出现后遗症,影响社会的稳定和工程效益的发挥。

2. 移民政策不适应社会经济发展的需要

(1)移民政策与经济社会发展水平不同步。例如,《大中型水利水电工程建设征地补偿和移民安置条例》规定的"对农村移民安置进行规划,应当坚持以农业生产安置为主",一定程度上限制了移民安置方式的创新,也无法兼顾城镇化发展的需求。条例对征地补偿的规定,限制了水电移民执行统一年产值、区片综合价、社会保障政策等惠及移民的政策。国务院第 590 号令发布了《国有土地上房屋征收与补偿条例》,但与水电移民政策如何衔接的相关政策一直未出台。

(2)水电移民政策重视普遍性,忽略了特殊性。水电移民政策强调"一库一策""同库同策",同类同质的补偿标准一样。但是,一个水电工程中,不同区域移民之间经济社会发展水平可能差别巨大,采用同一个政策一刀切,反而不能体现社会公平。另外对于少数民族地区一些特殊项目还需要具体的处理对策,目前也没有具体政策规定。

(3)老水库移民遗留问题仍然突出。老水库移民中,已搬迁移民超过原有生活水平、与原有生活水平相当和低于原有生活水平大致各占三分之一,遗留问题仍比较突出。国务院第 471 号令和国发〔2006〕17 号文发布后,大部分老水库移民在一定程度上缓解了生活窘况,但没有针对他们的生产生活和长远生计实行一揽子解决政策。老电站虽然有好的效益,但由于体制机制原因,不能发挥解决问题的作用,新老移民之间存在的差异、老移民的生活水平与当地社会经济发展水平间的差异均没有体现社会公平,给库区稳定和社会管理带来新的问题。

3. 水电移民管理体制机制不健全

(1)移民管理体制尚未理顺。水库移民长期以来实行的是政府负责制和投资包干制,水库移民监督评估工作刚刚起步。作为工程建设主体的项目业主和负责移民安置的地方政府以及水库移民,在新的经济关系条件下,相互的职责、权力与利益不够明确,管理关系不顺,缺乏约束机制。不少人认为,强调政府负责就意味着政府包办。移民部门有时在一个项目中同时扮演着政府部门、建设管理单位、设计、实施、监理等多种角色,各种矛盾集于一身,移民管理约束机制不完善。

(2)移民工作过程中信息缺失。一方面,一些关系移民切身利益的政策信息不公开或者不及时公开,移民参与少,缺乏话语权,引起移民猜疑和误解,以至于对移民政策实施的不信任。另一方面,我国主流媒体还应加大宣传水电建设相关成就、对国民经济发展的贡献、水电移民的脱贫致富经验和典型、水电移民政策不断完善和进步等,拓宽宣传渠道，提升正面舆论导向力度。

（3）移民管理工作规章不够完善。虽然国家已陆续出台了一些关于土地征用和移民安置工作需遵循的方针政策，尤其是 2006 年颁布实施的《大中型水利水电工程征地补偿和移民安置条例》（国务院 471 号令）对保障移民权益和规范移民安置工作起到了很好的作用，但由于国家的条块管理体制因素，许多移民管理工作规章缺少具体的工作细则，不能适应加强水库移民安置和管理新形势的需要。

4. 利益诉求多元化

随着社会的发展，水电建设过程中的利益诉求也发生了很大变化。以前，大家都认为水电建设是国家行为，政府、业主都是国家在水电建设中的化身，对水电建设的诉求较单一，是移民为了个体的、局部的利益，向政府提诉求。随着社会经济的发展和水电建设的市场化，社会出现分化，水电建设过程中的利益诉求逐渐多元化，已经演变为地方政府对项目法人的诉求、下级政府对上级政府的诉求、移民对政府的诉求、移民对业主的诉求等。利益诉求多元化主要体现在以下两个方面：

（1）移民群众本身的利益诉求在增加。移民的需求由以前单纯温饱需求上升到现在的社会公平和尊重的需求、自我价值实现、全面发展等社会需求，移民不满足于有饭吃、有房住、有地耕，而是要求要知情、要参与、要表达、要监督、要发展、要尊重，他们要求分享社会发展成果，要求与电站建立直接的利益关系，要求同时实现眼前利益和长远利益。他们的诉求开始多样化、差异化。例如，移民对补偿补助标准、安置条件、安置方式的要求越来越高，有的甚至根本不可能实现。同时，建设期间当地群众对务工、建材供应、环境保护等都有强烈的参与要求。

（2）政府诉求开始显现。由于政府掌握资源和行政审批权力，地方政府为了地方经济社会跨越发展，要求水电项目法人为当地发展承担更多的义务，支持地方经济建设。地方政府向业主提出如修路修桥、资助公益设施建设、帮助扶贫助困助学，以及固定资产投资、各种税收等要求。有些地方政府还向上级政府提出分利、放权等要求。

（3）行业利益诉求加剧，将自身行业负责建设的项目和水电工程迁复建项目区别对待，只要是水电工程迁复建项目，标准就高不就低、投资就高不就低。

3.3.2.3　我国水电移民工作进展

1. 水电移民工作发展历程

我国的水库移民安置经历了三个历史发展阶段。

（1）20 世纪 80 年代以前为第一阶段。在这较长的一段时间里，大部分移民为以行政手段为主进行搬迁安置，移民安置主要采取简单的安置资源调拨手段。移民安置后出现的次生贫困现象较多，生产发展和生活问题没能得到很好解决，遗留问题多。

（2）20 世纪 80—90 年代初为第二阶段。在此期间主要以计划经济模式进行移民搬迁，政府已开始组建专门的移民机构，着手进行移民的生产安置规划，移民安置水平有较大幅度提高。但项目业主与政府部门之间有关移民安置工作的职责不够明确，实施主体有政府也有企业，移民安置效果不巩固。鉴于这两个阶段的移民数量众多，针对前两阶段移民安置的遗留问题，国家采取了建立移民后期扶持基金的措施，使移民的生活状况得到一定的改善。

（3）20 世纪 90 年代中期以后为第三阶段。该阶段国家逐步建立和完善了社会主义市场经济体制，制定了开发性移民方针。逐步形成了以《中华人民共和国土地管理法》《大中型水利水电工程建设征地补偿和移民安置条例》为主要法律框架，《水电工程水库淹没处理规划设计规范》为主要技术标准的水电工程建设征地移民安置工作体系。随着社会进步和经济发展，移民政策、移民赔偿和补偿标准也不断地完善和提高。移民安置方式和去向也由原来较为单一的就地后靠安置方式，逐步发展为就地后靠安置与异地外迁安置等多种方式相结合等多种形式。移民工作逐步走上开发性移民、依法移民的轨道，实施管理和后期扶持逐步形成制度。移民前期工作也得到加强，移民安置规划设计深度加深，移民安置的政府负责制逐步明确，移民安置和补偿更加接近社会主义市场经济机制，移民安置情况有很大的改善，遗留问题逐渐减少。

2. 水电移民工作成效

我国移民规模之庞大、任务之艰难、挑战之艰巨、成效之显著举世瞩目。以三峡工程为例，移民总数达到130万人，世界第一，相当于爱沙尼亚全国总人口数。在国家层面设立了专门的移民协调管理机构，制定了《长江三峡工程建设移民条例》。移民补偿资金共计834亿元人民币，动员全国对口支援三峡库区资金达到800亿元人民币。库区移民生产生活水平和淹没城镇的恢复重建总体上得到明显改善，三峡工程有效带动了库区经济发展。总体来看，我国近40余年的水电移民工作成效显著，主要体现在以下四个方面：

（1）基础设施有所增加。经过移民安置规划，水电工程移民搬迁后采用了国家新的村镇规划法规规定的用地标准，生活用地面积较原有水平普遍扩大。新增的大量供水设施，提高了供水保证率，增加了灌溉、除涝面积，基本解决了安置区人畜饮水、灌溉用水问题，当地大多居民也一同受益。通过移民安置规划，移民安置区道路加宽，用电量增加，上学就医网点加密，移民用电、交通、上学、就医等问题均得到一定的改善（图3.9）。

（2）生产条件得到保障。由于政府强调了"水电工程农村移民的生产安置提倡以土地为依托、以农业安置为主"的移民生产安置思路，因而农村移民安置考虑了配置与水库淹没数量相当的耕园地，基本保证了每人可获得一份土地；同时，根据库区的资源条件，积极发展种养业和乡镇企业，扩大就业面，增加移民的经济收入。对于各地对从事第二、三产业安置的移民，通过一定的耕地配置，以减少其他经营风险可能带来的损失，保证移民有基本生活来源。

（3）移民生活普遍有所提高。目前，新建的水电工程移民人均收入水平已基本恢复或超过了搬迁前水平，但大部分仍落后于社会平均水平。国家为使移民的生活水平有所提高，规定由各有关省级人民政府出台水电工程后期扶持基金提取办法。后期扶持基金的提取数额根据工程规模和移民人数的不同而不同。移民扶持基金为移民的生活改善提供了稳定的资金后援。移民住房条件大大改善。移民安置过程中，把个人的积蓄和补偿资金结合使用，使移民住房条件较原来大大改善。移民人均居住面积增大，结构更新。移民搬迁后的房屋较搬迁前，土木结构比例下降，砖木混合结构比例上升，以土为主的房屋基本消失。例如，据1999年监测报告统计，二滩库区移民搬迁后，农村移民人均住房虽与搬迁前相当，但住房的质量有了明显的改善和提高，土墙瓦顶房从搬迁前的93%下降到61%，而砖混结构则从搬迁前的7%上升到39%，文教卫生条件也得到了较好的改善。

（a）兴山县老县城

（b）兴山县新县城

图 3.9　三峡库区兴山县老县城与新县城（高阳镇）对比图

（4）拉动库区社会经济发展。一方面，由于移民安置工作考虑了不同民族的习俗和特点，复建的村组、集镇和县城均通过政府严格审批。移民安置后，原有社会体系基本保持完整。针对以往建成水电站移民遗留的问题，各级地方政府实施了一些扶贫项目。因此，大多数新建移民安置区社会稳定，经济繁荣。移民已逐渐融入当地社会的正常发展体系。另一方面水电工程的建设在拉动地方经济发展方面产生了积极影响。水电开发带动了工程所在地区的交通、建材等工业，吸纳了部分农村剩余劳动力，增加了贫困区域的各种税收，提高了当地生活消费水平。大型水电站的建设，使农村人口向城市转移，有利于推动经济落后地区的。城镇化建设进程，特别是我国西部地区这种拉动效应更加明显，因此西部大部分省（自治区）都把水电作为支柱产业。

3.4　破解水电困境的对策

当前，中国水电开发正处于两难境地：一方面，大力发展水电可实现节煤减排，增加电力供应，同时促进当地经济发展；另一方面，水电开发环境保护问题和移民问题尚未得到很好解决。中国已意识到这种两难境地，国家能源局和水利部 2009 年联合成立了国家水电可持续发展研究中心，专门研究包括环保和移民在内的水电可持续发展问题。

在 2014 年中国政府工作报告中，我国提出了"建设长江经济带"的概念，2016 年 3 月审议通过的《长江经济带发展规划纲要》再次重点强调了长江黄金水道的建设。习近平主席指出推动长江经济带发展必须坚持生态优先、绿色发展的战略定位，共抓大保护，不搞大开发，这也为未来破解我国水电发展的瓶颈提供了机会。实现水电快速、健康、有序的开发，需做好以下几个方面的工作。

3.4.1 推行科学合理的移民安置政策

我国的移民政策是以移民妥善安置为前提的，以《大中型水电工程建设征地补偿和移民安置条例》为代表的移民法律、法规，充分体现了以人为本的原则。贯彻执行科学合理的移民政策是维护国家利益和公共利益、促进水电开发、满足国家可持续发展战略实施的需要。应继续坚持开发性移民政策，编制切实可行的移民安置大纲和规划，注意坚持以人为本、安全第一的原则，因地制宜、尊重移民意愿的原则，紧紧依靠地方和有利于移民发展的原则；树立科学发展观，协调开发规模，把移民数量和淹没土地数量作为选择水电站建设规模的控制性指标；完善"政府负责、投资包干、业主参与、移民监理"的移民工作管理体制。实践证明，移民安置的政府负责制符合我国人口密度大、土地资源紧张的国情，只有紧紧地依靠地方政府，才能完成如此大量移民的有序搬迁和稳妥安置；加强移民安置实施工作的管理，按行政隶属或资产权属关系实行移民安置的项目管理，有效提高移民安置工作的效率。

3.4.2 加大水电开发环保力度

对水电项目特别是大型水电项目，应统筹水电开发与环境保护，加强水电开发前期研究和环境论证，扎实推进重点河流河段水电规划环评工作，严格落实规划环评要求，做到生态优先、合理布局。强化水电项目环境影响评价工作，科学论证项目的环境合理性；研究制定科学有效的环境保护措施，重点落实生态流量保障、水温影响减缓、水生生态保护，以及陆生生态保护等措施，切实保护流域生态。加强流域环境影响及保护措施有效跟踪监测，科学评估项目实施的环境影响和各项环境保护措施的实施效果；积极开展水电规划、水电项目环境影响跟踪评价、后评价工作总结经验，推动生态友好型水电工程。

3.4.3 完善水电开发决策程序

对大型水电项目，特别是移民数量巨大和具有重大生态环境影响的项目，必须坚持综合规划、全面论证、科学比选、先移民后建设的原则，在项目实施过程中广泛、积极地邀请利益相关方参与，慎重决策。对于尚未通过环评或未提前制定移民安置规划的电站，不应准许开展电站建设前期准备工作。

3.4.4 推行中国可持续水电认证

瑞士绿色水电、美国低影响水电通过对水电工程进行评估，引导消费者消费绿色水电，希望最终通过市场激励机制来鼓励业主采取有效措施减少大坝对生态与环境的不利影响。2010 年国际水电协会发布了《水电可持续性评估规范》，从社会、环境、技术和经济四个方面对水电可持续性进行评估。

瑞士的绿色水电和美国的低影响水电都只针对水电工程运行期，绿色水电认证基本采用定性判断的方法，低影响水电认证把相关管理部门批准文件作为依据，两者都未明确提出具体技术指标和标准阈值；IHA 评估规范虽然关注了水电开发全过程，但没有提出任何的配套激励政策。

中国的"可持续水电"区别于传统意义上的"绿色水电"，是一种广义上的绿色水电，包含"生态"和"移民"两个核心组成，在中国形势下不考虑移民只考虑生态的水电都无法称之为真正意义上的可持续水电。中国要破解水电开发面临的两大主要问题，实现水电的可持续发展，既要借鉴国际经验，又要区别认识中国体制下的绿色水电含义，迫切需要制定符合我国国情的可持续水电认证制度，引导水库移民和环保工作由被动型向主动型转变，鼓励在水电项目的规划、设计、施工、运行阶段，参照国内外的先进经验和做法，主动做好移民和生态保护工作，妥善解决移民的遗留问题，重视水电项目生态保护措施的效果，真正实现"建设一座电站，带动一方经济，改善一片环境，造福一批移民"的水电开发理念。

中国的可持续水电内涵与国外绿色水电内涵主要体现了以下三个方面的区别（表 3.2）：一是水电工程建设和运行的管理体制不同，带来评价阶段、评价程序和内容方面会有所不同；二是国情不同，解决好移民问题才能真正实现中国的水电可持续；三是面临的问题不同，移民和生态是制约水电可持续发展的两大障碍。

表 3.2　　　　　　　　　中国可持续水电与国外绿色水电的内涵区别

项　目	中国可持续水电	瑞士绿色水电	美国低影响水电	IHA 水电可持续性评估
全过程（规划、设计、施工、运行）	√	×（运行期）	×（运行期）	√
环保	√	√	√	√
移民	√	×	×	√（结合实际和研究深度不够）
政府行业管理	√	×	×	×
激励政策	√（配套政策体系设计）	√（电价激励）	×	×
授牌	√（绿色水电、低影响水电、可持续水电）	√（绿色水电）	√（低影响水电）	×

中国可持续水电认证构想

现有电力体制改革要求放开两头、稳住中间，鼓励清洁能源的发电和上网，推进节能减排。因此，以"绿色"和"低碳"为抓手，制定和完善顺应我国电力体制改革大背景的水电绿色低碳标准，充分发挥水电的清洁能源优势，是实现我国水电可持续发展的迫切需求，也是当前环境下我国水电发展的新机遇。

4.1 国内外绿色水电标准及认证

水电开发对我国改善能源结构、温室气体减排等目标的实现具有十分重要的作用。近年来，国际上先后开展了绿色水电认证和水电可持续性评价等工作，提出了绿色水电标准及水电可持续性评估规范，为促进水电开发相关环境、经济及社会要素的均衡发展提供了衡量标准。我国是当今世界水电发展最为迅速的国家之一，将这些具有代表性的国际水电评价标准与我国水电开发环境、经济和社会的法规、政策和标准进行对比分析，可以明确我国水电开发管理进一步完善和提高的方向，对我国水电行业的发展具有一定的借鉴作用。

4.1.1 国际绿色水电认证

4.1.1.1 瑞士绿色水电

瑞士作为世界上单位面积水电产量最高的国家之一，水电开发对天然河流生态系统的影响受到广泛关注。瑞士联邦环境科学技术研究院通过多年的案例研究和实践，于2001年提出了绿色水电认证的技术框架，建立了绿色水电认证的标准。

瑞士绿色水电认证标准是以已建水电工程申请更新许可证时所需满足的生态环境标准为基础，并遵照修订后的《水保护法案》及其他相关法律法规（如自然保护法、渔业法、区域规划法等）而制定的。从水文特征、河流系统连通性、泥沙与河流形态、景观与生境、生物群落5个方面反映健康河流生态系统的特征，并通过最小流量管理、调峰、水库管理、泥沙管理、电站设计5个方面的管理措施来实现。环境范畴与管理范畴的内容结合，形成一个环境管理矩阵，表示每一个方面的生态环境目标都可以通过采取相应的管理措施来实现，其中包括了对绿色水电站的具体技术要求。水电站根据自身条件自愿参加，瑞士环境健康电力协会（VUE）对水电站编制的《初步研究与管理方案》进行核查，

VUE 理事会批准并授予水电站"绿色水电"标志。绿色水电必须满足的两个条件：基本要求和生态投资，即满足环境管理矩阵中要求的 5 个环境目标后，还要有生态修复措施，才能在每千瓦时电上加一定的价格进行销售，且该笔收入每年都必须用于生态修复。"绿色水电"标志每 5 年换发新证，VUE 每年核查。绿色水电站上浮电价由消费者自愿买单，买卖双方均是放松电力管制条件下的市场行为。

截至 2012 年 10 月，该标准已经成功应用于瑞士 88 个水电工程，并且被欧洲绿色电力网确定为欧洲技术标准，向欧盟其他国家推广。进行认证的 88 座水电站中，通过自然制造基本（nature made basic）认证的水电站有 31 座，最小水电站装机容量为 25kW，最大水电站装机容量为 1872MW；通过自然制造之星（nature made star）认证的水电站有 57 座，最小装机容量为 10kW，最大装机容量为 25.2MW，各类装机规模水电站所占比例如图 4.1 所示。2011 年，通过认证的水电发电量为 87.78 亿 kW·h，其中通过 nature made basic 和 nature made star 认证的水电发电量分别为 76.79 亿 kW·h 与 10.99 亿 kW·h。2000—2009 年，通过绿色水电认证的水电站获得了 650 万欧元的生态投资，这些资金被用于水电站影响区域的生态修复。2012 年之后，瑞士绿色水电认证出现停滞。

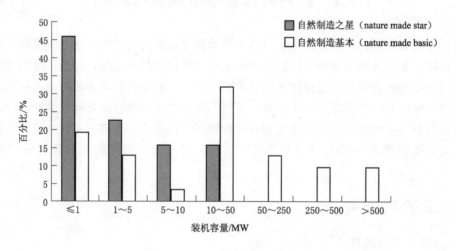

图 4.1　瑞士绿色水电认证水电站各类规模所占比例

4.1.1.2　美国低影响水电

2004 年，美国低影响水电研究所（LIHI）提出了低影响水电认证标准，旨在帮助识别和奖励那些通过采取措施将其对环境的影响降至最低程度的水电站大坝，使其在市场上能够以"低影响水电"的标志进行营销，从而通过市场激励机制来鼓励业主采取有效措施减少水电站大坝对生态与环境的不利影响。同时，该认证程序也可以帮助能源消费者选择他们希望支持的能源产品和水电生产方式。

有资料显示，LIHI 设计了一套标准化调查表，认证审查人员根据调查表所设计的内容和步骤进行判断，只有满足所有标准的水电站才能通过认证。LIHI 标准充分保持着与其他生态环境保护法规的衔接，认证标准大量引用了联邦或者州政府的相关法案，有关资源管理部门的意见是判断水电站是否达到认证的重要参考。

美国低影响水电认证标准在制定之初即有明确定位：①各项准则普遍高于美国法律所规定的基本要求；②不能过于严格，否则将鲜有水电站通过认证，该认证就失去了存在的价值；③被认证水电站通过采取措施可逐步改善环境，因而环境保护的标准也会相应提高，认证标准需要适时更新。该标准从河道水流、水质、鱼道和鱼类保护、流域保护、濒危物种保护、文化资源保护、亲水娱乐、建议拆除的设施 8 个方面提出了"低影响水电"应满足的条件，识别和回报那些采取措施降低对环境不利影响的水电站。认证审查人员依据要求对水电站进行判断，只有满足所有标准的水电站才能通过认证，对于主要的生态环境保护目标，低影响水电认证还设定了优先保护的顺序。获得认证的水电站主要通过"自愿绿色电力购买计划"加价销售，消费者自愿买单。

截至 2014 年底，美国共有 118 座水电站通过低影响认证。这些项目分布在美国 28 个州，装机容量共计 4.4 GW，并开始推广到加拿大。低影响水电认证水电站各类规模所占比例如图 4.2 所示。

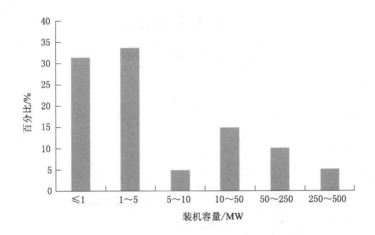

图 4.2 低影响水电认证水电站各类规模所占比例

无论是"低影响水电"还是"绿色水电"，都可以概括为环境友好型水电，即如何将水电开发及运行过程中对环境的影响降至最低。二者的差异在于，瑞士绿色水电侧重在量化的技术指标；美国低影响水电（图 4.3）与瑞士绿色水电标准体系相比较为简单，标准本身并未与水电站具体的管理措施建立联系，而是以美国联邦与各州的法律及相关机构的规定为依托，侧重于法律法规和手续程序是否符合。

4.1.1.3 国际水电协会《水电可持续性评估规范》

1. 总体框架

国际水电协会（IHA）的《水电可持续性评估规范》（简称"IHA 评估规范"）从环境、社会、技术和经济 4 个方面进行水电可持续性评估。评估规范对应水电开发生命周期的不同阶段，包括项目前期、项目准备、项目实施和项目运行四个独立评价文件。评估规范采用 5 分制评分，5 分表示"已被证实的最佳实践"，3 分表示"基本良好实践"。每个评价主题都由主题说明、评分方法和评价指南 3 个部分组成。评分一般从评价、管理、利益相关者参与、利益相关者支持、结果、一致性/合规性 6 个方面进行。

图 4.3　美国《低影响水电认证手册》（2020 年第二版）

2. 评估主题

IHA 评估规范评估主题见表 4.1。

表 4.1　　　　　　　　　　　IHA 评估规范评估主题

前期阶段	P-项目准备	I-项目实施	O-项目运行
ES-1 必要性论证	P-1 沟通与咨询	I-1 沟通与咨询	O-1 沟通与咨询
ES-2 方案评估	P-2 管理机制	I-2 管理机制	O-2 管理机制
ES-3 政策与规划	P-3 必要性论证		O-3 环境和社会问题管理
ES-4 政治风险	P-4 选址和设计		O-4 水文资源

续表

前期阶段	P-项目准备	I-项目实施	O-项目运行
ES-5 机构能力	P-5 环境和社会影响评估及管理	I-3 环境和社会问题管理	O-5 资产可靠性和效率
ES-6 技术风险	P-6 项目综合管理	I-4 项目综合管理	O-6 设施安全
	P-7 水文资源		
ES-7 社会风险			
ES-8 环境风险	P-8 设施安全	I-5 设施安全	
ES-9 经济和财务风险	P-9 财务生存能力	I-6 财务生存能力	O-7 财务生存能力
	P-10 工程效益	I-7 工程效益	O-8 工程效益
	P-11 经济生存能力		
	P-12 采购	I-8 采购	
	P-13 工程影响社区及生计	I-9 工程影响社区及生计	O-9 工程影响社区及生计
	P-14 移民	I-10 移民	O-10 移民
	P-15 土著居民（少数民族）	I-11 土著居民（少数民族）	O-11 土著居民（少数民族）
	P-16 劳工和工作条件	I-12 劳工和工作条件	O-12 劳工和工作条件
	P-17 文化遗产	I-13 文化遗产	O-13 文化遗产
	P-18 公众健康	I-14 公众健康	O-14 公众健康
	P-19 生物多样性和入侵物种	I-15 生物多样性和入侵物种	O-15 生物多样性和入侵物种
	P-20 泥沙冲刷和淤积	I-16 泥沙冲刷和淤积	O-16 泥沙冲刷和淤积
	P-21 水质	I-17 水质	O-17 水质
		I-18 废弃物、噪声和空气质量	
	P-22 水库规划	I-19 水库蓄水	O-18 库区管理
	P-23 下游水文情势	I-20 下游水文情势	O-19 下游水文情势

3. 评分等级

项目准备、项目实施和项目运行评估工具中，每个评估主题的得分从 1 分到 5 分不等。3 分和 5 分的说明为其他分数的划分提供了重要而明确的标尺。

3 分描述的是某一可持续性评估主题的"基本良好实践"。设计 3 分说明的想法是：

所有背景下的项目都应朝这个做法看齐，即使在资源最少或容量最小的地区，或者规模及复杂性较小的项目。请注意，IHA 评估规范并未强调 3 分是必须达到的标准；得分的期望值由做出决策的组织或基于规范评估形成观点的组织决定。

5 分描述的是某一可持续性问题在大多数国家背景下"已被证实的最佳实践"。设计 5 分说明的想法是：这些目标不易达到。然而，在多个国家背景下，这些目标被证明也是可以达到的，并且不仅限于那些可支配最多资源的规模最大的项目。但所有评估主题均得 5 分是很难实现的，因为在实际的决策中，往往需要在公司/项目目标、资源（时间、资金、人力）的配置以及实际的付出之间权衡。

评估主题页内，3 分说明是完整而充分的，5 分说明给出的则是 3 分说明之外的附加要求。因此，5 分说明应与 3 分说明结合起来阅读。

其他评分等级的说明则以"基本良好实践"和"已被证实的最佳实践"为参照点给出。

1 分——相对于基本良好实践而言，存在多处显著差距。

2 分——基本良好实践的多数相关要素已经具备，但是存在一处显著差距。

4 分——基本良好实践的所有相关要素已经具备，且有一处或多处超越，一处或多处显著差距。

IHA 评估规范评分方法见表 4.2。

表 4.2　　　　　　　　　　　　　　IHA 评估规范评分方法

得分	评　价	管　理	利益相关者参与	利益相关者支持	结　果	一致性/合规性
5	合理、充分、有效的评价，不存在明显需要改善之处： 在基本良好实践（3 分）的基础上，评价倾向于采取相对广泛、外部的或区域的观点或视角； 强调机会，并能深入分析相关可持续性问题间的相互关系	合理、充分、有效的管理过程，不存在明显需要改善之处： 在基本良好实践（3 分）的基础上，管理计划和过程能够对新出现的问题或机会表现出良好的预测和反应； 管理高层能够对监测数据、调查情况及出现的问题做出及时、快速而有效的决策； 计划中如果有承诺，则承诺是公开、正式且具有法律强制性的	合理、充分、有效的利益相关者参与过程，不存在明显需要改善之处： 在基本良好实践（3 分）的基础上，与直接受影响的利益相关者的沟通是广泛而深入的； 能全面地向直接受影响的利益相关者反馈其反映的问题是如何被考虑的； 部分情况下，直接受影响的利益相关者可参与到决策过程中； 在沟通过程中识别出的高度关乎利益相关者利益的信息，采取及时、易获取的方式进行信息公开	当前评估主题的评价、计划或实施措施得到几乎所有直接受影响的利益相关者群体的支持，或者利益相关者未提出反对意见； 部分情况下，关于当前评估主题的管理措施，与利益相关者群体已经达成正式协议或签订了同意书	在基本良好实践（3 分）的基础上，较之项目建设前的状况有明显的改善； 有助于处理项目影响范围之外的问题； 能力建设成绩突出	没有不合规或不一致

续表

得分	评价	管理	利益相关者参与	利益相关者支持	结果	一致性/合规性
4	合理、充分、有效的评价，只有很少的细微差距； 在基本良好实践（3分）的基础上，评价可能呈现某些较广泛的外部或区域问题； 机会； 可持续性问题间的相互关系	合理、充分、有效的管理过程，只有很少的细微差距。 在基本良好实践（3分）的基础上，管理计划和过程能够对新出现的问题和机会进行预测和反应； 计划中如果有承诺，则承诺是公开且正式的	合理、充分、有效的利益相关者参与过程，只有很少的细微差距； 在基本良好实践（3分）的基础上，能较好地向直接受影响的利益相关者反映的问题是如何被考虑的； 就高度关乎利益相关者利益是可持续性评估主题的有关信息； 自愿进行信息公开	当前评估主题的评价、计划或实施措施得到大多数直接受影响的利益相关者群体的支持，或者利益相关者群体中只有少部分人提出反对意见	在基本良好实践（3分）的基础上，对不利影响进行了有证据的、完全的补偿； 采取一些积极的改进措施，或者具有与项目能力建设有关的证据	非常少的细微的不合规或不一致，且易于弥补
3	合理、充分、有效的评价，没有显著差距。通常包括（适合于评估主题和生命周期阶段的）： 基线条件识别，包括相关问题、合理的地理覆盖范围和数据搜集分析方法； 相关组织作用与责任识别，及法律、政策和其他要求； 专业知识和地方知识的恰当运用； 合理的预算和时间跨度。 在3分等级中，评价包含的是与评估主题最相关的因素，但倾向于采取以项目为中心的观点或视角，相对于机会而言，更着重强调影响与风险	合理、充分、有效的管理过程，没有显著差距。通常包括（适合于评估主题和生命周期阶段的）： 计划的制定与实施； 汇总相关的评估和监测结果； 以政策为后盾； 描述与评估主题最相关的问题所要采取的解决措施； 建立目标与目的； 分配角色、责任和问责； 运用适合于评估主题的专业知识； 按照实施要求分配资金，并考虑意外事件； 拟定监测、评审和报告的过程； 按要求定期回顾与改进	合理、充分、有效的利益相关者参与过程，没有显著差距。通常包括（适合于评估主题和生命周期阶段的）： 直接受影响的利益相关者的识别； 利益相关者参与以合理的方式和频率在恰当的时间与地点进行，且往往是双向的； 受影响的利益相关者的自由参与； 对特殊利益相关者的关注，包括性别、少数民族、文化敏感性、受教育程度以及那些可能需要特别援助的人群； 利益相关者的问题得以识别、承认和反馈的机制； 重要可持续性评估主题的信息公开（在部分情况下，可以是被要求的）	当前评估主题的评价、计划或实施措施得到直接受影响的利益相关者群体的普遍支持，或者利益相关者群体中没有多数反对的情况	有证据表明，在适合于评估主题和生命周期阶段的前提下，采取了避免、减缓和最小化不利影响的措施； 公平公正的补偿； 履行义务；或有效实施计划	没有显著的不合规或不一致

43

得分	评价	管理	利益相关者参与	利益相关者支持	结果	一致性/合规性
2	相对于基本良好实践（3分），评价过程存在一处显著差距	相对于基本良好实践（3分），管理过程存在一处显著差距	相对于基本良好实践（3分），利益相关者参与过程存在一处显著差距	当前评估主题的评价、计划或实施措施得到直接受影响的利益相关者群体的部分支持，部分人持反对意见	相对于基本良好实践（3分），存在一处显著差距，例如，基线条件有所下降	一处显著的不合规或不一致
1	相对于基本良好实践（3分），评价过程存在多处显著差距	相对于基本良好实践（3分），管理过程存在多处显著差距	相对于基本良好实践（3分），利益相关者参与过程存在多处显著差距	当前评估主题的评价、计划或实施措施得到少数直接受影响的利益相关者的支持，或者利益相关者群体中大多数人提出反对意见	相对于基本良好实践（3分），存在多处显著差距。例如基线条件有所下降，需延迟或难以处理不利影响	多处显著的不合规或不一致

4. 实施应用

从 2010 年《水电可持续性评估规范》（图 4.4）发布至今，IHA 又不断对其提出的水电可持续性评估体系进行了补充和完善，先后发布了一系列补充工具。目前，IHA 的水电可持续性评估体系共包含三个部分，即"一套指南"和"两个工具"："一套指南"是指于 2018 年发布的《水电可持续性指南》（图 4.5），该指南提出了基于国际良好实践的水电工程可持续性标准，是定义水电工程国际良好实践过程和结果的关键依据。对照指南可以通过两个具体的评估工具进行水电工程的可持续性评估。"两个工具"分别是指于 2010 年最先发布的《水电可持续性评估规范》，以及 2018 年发布的《水电可持续性差距分析工具》（图 4.6）。这两个工具互相补充，既可以对某一水电工程的全生命周期开展可持续性的系统评估，也可以对其与国际良好实践之间的差距（包括环境、社会和管理三方面）进行独立的差距评估并提供差距管理方案。

IHA 评估规范目前已经得到一些国家、国际机构和行业组织的重视，并在全球范围内得以广泛应用，同时也得到了世界银行（WB）、国际金融公司（IFC）等金融企业的充分认可，并将其评估结果纳入水电投资决策的重要参考依据。自 2010 年《水电可持续性评估规范》发布以来，已经对全球共 34 个水电工程进行了官方评估，其中包括 31 项系统评估和 3 项差距评估，工程分布在欧洲、南美、亚洲和北美等 27 个国家。另外，还对一些水电工程进行了非官方评估，其中包括我国澜沧江流域的景洪水电站和糯扎渡水电站。

虽然，IHA 评价规范只提出了水电工程存在的问题，并没有给出系统的答案和解决方案。但它为中国的绿色水电认证提出了方向，中国需要吸取国际绿色水电评估和认证的经验，制定符合我国特点的可持续（绿色）水电评价体系，与水电开发不同阶段的政策法规相衔接，同时制定相关的配套机制以推进我国水电的可持续发展。

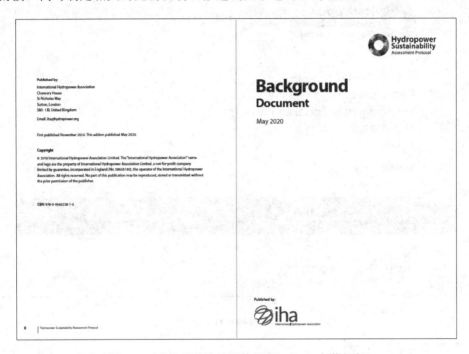

图 4.4　《水电可持续性评估规范》（2020 年修订版）

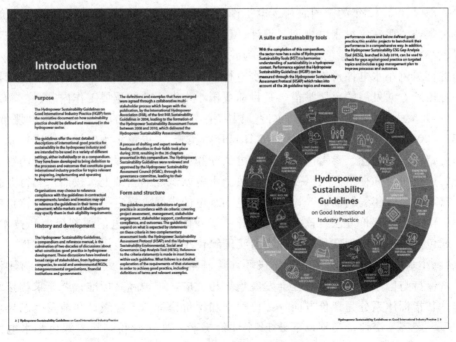

图 4.5　《水电可持续性指南》

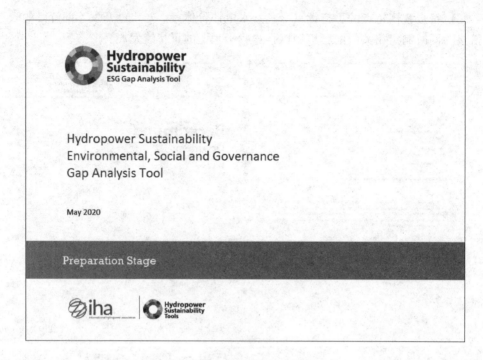

图 4.6　《水电可持续性差距分析工具》

4.1.2　水利部"绿色小水电评价标准"

水利部早在 2012 年的全国农村水电工作会议上就提出"积极推动绿色水电评价",随后又多次强调"要在农村水电规划、设计、建设和运行的全过程加强生态环境保护,积极推进绿色小水电建设"。绿色小水电将成为我国小水电建设的发展方向,开展绿色小水电建设和进行绿色小水电评价,是树立小水电行业优秀典型,引领小水电行业沿着绿色、低影响、可持续方向发展的重要举措,是目前我国小水电行业的重要工作内容。

2017 年 5 月,由水利部水电局主持、国际小水电中心主编的《绿色小水电评价标准》(SL 752—2017)正式发布,并于 8 月 5 日起开始实施。《绿色小水电评价标准》基于我国国情和可持续发展理念、参考国际知名水电认证和我国水电工程环境影响评价内容,在专项研究、广泛研讨和征求意见以及百余座典型水电站试点的基础上,按照水利行业技术标准的要求,历经 3 年编制而成,诠释了绿色小水电的内涵,规定了绿色小水电评价的基本条件、评价内容和评价方法。该标准首次统一了我国绿色小水电的评判尺度和技术要求,明确了绿色小水电站的创建目标,标志着我国绿色小水电建设步入了规范化进程。

《绿色小水电评价标准》是在现阶段环评等基本要求之上,为支撑生态文明建设与绿色发展,保持与国家政策要求及社会发展趋势相适应,与国际高标准、严要求相接轨的选优标准,其指标体系分为评价方面、评价类别和评价指标 3 个层级,共涉及生态环境、社会、管理、经济 4 个评价类别,下设 14 个评价要素、21 个评价指标。绿色小水电评价标准指标体系见表 4.3。

表 4.3 绿色小水电评价标准指标体系

类 别	要 素	指 标
生态环境	水文情势	生态需水保障情况
	河流形态	河道形态影响情况
		输沙影响情况
	水质	水质变化程度
	本生及陆生生态	水生保护物种影响情况
		陆生保护生物生境影响情况
	景观	景观协调性
		景观恢复度
	减排	替代效应
		减排效率
社会	移民	移民安置落实情况
	利益共享	公共设施改善情况
		民生保障情况
	综合利用	水资源综合利用情况
管理	生产及运行管理	安全生产标准化建设情况
	小水电建设管理	制度建设及执行情况
		设施建设及运行情况
	技术进步	设备性能及自动化程度
经济	财务稳定性	盈利能力
		偿债能力
	区域经济贡献	社会贡献率

为确保通过评价的水电站成为示范典型，《绿色小水电评价标准》设置了一系列准入条件，包括：符合区域空间规划、流域综合规划以及河流水能资源开发等规划，依法依规建设并通过竣工验收；下泄流量满足坝（闸）下游影响区域内的居民生活、工农业生产用水以及下游河道生态需水要求（水文情势得分率不低于80％）；评价期内水电站未发生一般及以上等级的生产安全事故、不存在重大事故隐患、工程影响区内未发生较大及以上等级的突发环境事件或重大水事纠纷等。

水利部已于2017年6月初印发了《水利部关于开展绿色小水电站创建工作的通知》（水电〔2017〕220号），决定在全国开展绿色小水电站创建工作。此外，水利部水电局于7月印发了《关于做好小水电站绿色发展情况调查摸底的通知》，要求各地开展小水电站绿色发展情况调查摸底工作，并建立绿色小水电工作联络员制度。

4.1.3 我国标准与相关国际标准的比较

4.1.3.1 环境保护标准的比较分析

国外绿色水电认证针对水电工程运行期，能够促进对水电工程生态环境保护的持续性管理。但是瑞士绿色水电认证基本采用定性判断的方法，美国低影响水电认证把相关管理部门批准文件作为依据，两者都未明确提出具体技术指标和标准阈值。

我国现有的水电工程生态环境保护相关标准，具有代表性的有《江河流域规划环境影响评价规范》（SL 45—2006）、《环境影响评价技术导则　水利水电工程》（HJ/T 88—2003）、《水利水电工程环境保护设计规范》（SL 492—2011）、《水电水利工程施工环境保护技术规程》（DL/T 5260—2010）等。我国水电工程生态环境保护标准涵盖的生态要素与国外标准是基本一致的，其环境影响评价的要素和因子包括水文、泥沙、局地气候、水环境、环境地质、土壤环境、陆生生物、水生生物、生态完整性与敏感生态环境问题、大气环境、声环境、固体废物等，还包括人群健康、景观和文物、移民、社会经济等内容。在时间方面，我国现有技术标准主要关注规划、设计和建设阶段，对于运行阶段环境保护相关标准相对较少。在规范内容上，对于具体指标大多引用相关技术标准，例如环境质量标准（水、气、声和土壤等）和污染物排放标准（水、气、声、渣）等。因此，我国规范在实际工作中一般适合作为指导性文件，还需要更加具体的技术指标和评价标准提供支持。为了适应水电开发保护生态环境的发展需要，我国还制定了一些比较具体的技术标准。例如，《水电工程鱼类增殖放流站设计规范》（NB/T 35037—2014）、《水利水电工程鱼道设计导则》（SL 609—2013）、《水电站分层取水进水口设计规范》（NB/T 35053—2015）、《水利水电工程水库库底清理设计规范》（SL 644—2014）等。

4.1.3.2　经济和社会评估技术标准的比较分析

表 4.4 为水电开发的环境、社会和经济三个方面在规划、设计、建设和运行四个阶段，我国技术标准与 IHA 评估规范在评价内容方面的比较。总体上，我国水电开发技术标准与 IHA 评估规范在评价内容、周期划分等方面是基本一致的。IHA 评估规范的内容涵盖了水电工程环境、经济和社会问题管理的基本内容，评估方法为描述性方法，并不涉及具体的技术细节，属于一种框架性的规范文件。我国的技术标准主要是为了指导工程实践，评价方法既有描述性方法，也有量化指标和标准，属于技术性文件。

表 4.4　　　　　　IHA 评估规范与我国技术标准在评价内容方面比较

阶段	评价方面	IHA 评估规范	我国技术标准
前期（规划）	环境	必要性论证； 方案评估； 政策与规划（环境部分）； 环境风险	流域环境现状调查与分析； 环境影响预测与评价； 规划方案比较（环境方面）； 环境监测与跟踪评价计划； 总体规划与各专项规划
	社会	必要性论证； 方案评估； 政策与规划（环境部分）； 政治风险； 技术风险； 社会风险	社会环境现状调查与分析； 社会发展预测； 公众参与； 规划方案比选
	经济	必要性论证； 方案评估（经济部分）； 经济和财务风险； 机构能力	经济发展预测； 经济影响预测

续表

阶段	评价方面	IHA 评估规范	我 国 技 术 标 准
准备（设计）	环境	环境影响评价及管理； 选址和设计（环境因素）； 项目综合管理（环境部分）； 水文资源； 生物多样性和入侵物种； 泥沙冲刷和淤积； 水质； 水库规划（环境部分）； 下游水文情势	工程概况与工程分析（环境因素）； 环境现状调查； 环境影响识别与预测； 水文资源； 泥沙； 水环境； 生物保护及其他生态保护； 环境地质； 土壤； 工程地质； 局地气候； 大气； 声环境及固体废物； 水保； 环境监测与管理； 水库水域开发； 库底清理
	社会	沟通与协商、必要性论证及战略符合性； 社会影响评价及管理； 选址和设计（社会因素）； 项目综合管理（社会部分）； 项目效益（社会部分）； 项目影响社区及生计； 移民； 少数民族； 劳工和工作条件； 文化遗产； 公共健康； 水库规划（社会部分）	工程概况与工程分析（社会因素）； 环境现状调查； 社会影响识别与预测； 项目沟通管理； 社会影响评价； 人群健康（包括职业健康）； 景观与文物； 民族宗教； 移民安置规划； 公众参与； 劳动安全与工业卫生； 消防设计； 节能设计
	经济	管理机制； 选址和设计（经济部分）； 项目综合管理（经济部分）； 项目效益（经济部分）； 采购； 设施安全； 财务生存能力； 经济生存能力； 水库规划（经济部分）	工程概况与工程分析（经济因素）； 经济现状调查； 社会影响识别与预测； 预可行性； 可行性分析； 采购管理； 项目效益； 项目综合管理； 项目投资管理； 国民经济评价； 财务评价； 环境保护投资估算； 环境经济损益分析； 设计概算

阶段	评价方面	IHA 评估规范	我国技术标准
实施（建设）	环境	环境问题管理； 项目综合管理（环境部分）； 生物多样性入侵物种； 泥沙冲刷和淤积； 水质； 废弃物； 噪声和空气质量； 水库蓄水（环境部分）； 下游水文情势	水环境； 大气； 噪声及固体废物； 地质环境； 土壤环境； 陆生及水生生态保护； 环境监测监理； 水保； 环境管理； 库底清理与淹没处理； 水库管理； 库区及下游河道管理
	社会	沟通与协商； 社会问题管理； 项目综合管理（社会部分）； 项目影响社区及生计； 移民； 少数民族； 劳工和工作条件； 文化遗产； 公共健康； 项目效益（社会部分）； 水库蓄水（社会部分）	沟通管理； 人群健康； 景观文物； 移民安置
	经济	管理机制； 项目综合管理（经济部分）； 设施安全； 财务生存能力； 项目效益（经济部分）； 采购； 水库蓄水（经济部分）	设施安全； 采购； 项目建设管理； 管理规范； 项目综合管理； 施工组织设计； 施工监理； 施工质量检验
运行	环境	环境问题管理； 水文资源； 生物多样性和入侵物种； 泥沙冲刷和淤积； 水质； 库区管理（环境部分）； 下游水文情势	水文； 泥沙； 水； 声； 大气环境； 地质； 生态； 气候； 振动环境； 环境风险事故防范应急措施； 环境监测与管理； 环保措施落实调查； 环保措施落实检查； 环境敏感目标

阶段	评价方面	IHA 评估规范	我国技术标准
运行	社会	沟通与协商； 社会问题管理； 项目影响社区及生计； 移民； 少数民族； 劳工和工作条件； 文化遗产； 公共健康； 项目效益（社会部分）； 库区管理（社会部分）	少数民族； 文物古迹； 人群健康； 移民； 公共意见； 水库管理
	经济	管理机制； 资产可靠性和效率； 设施安全； 财务生存能力； 项目效益（经济部分）； 库区管理（经济部分）	项目效益； 管理规范； 国民经济评价； 财务评价； 后评价管理； 验收管理； 应急预案

我国在水电工程的经济评价和移民安置等方面都建立了相应的技术标准，但是这些技术标准涉及的时间阶段基本是规划、设计、建设和运行初期（竣工验收），较少涉及水电工程的长期运行阶段。在经济评估方面，IHA 评估规范强调维持项目经济稳定性，侧重对主体公司开展财务评价。我国的水利水电工程经济评价规范主要针对项目的前期规划和设计阶段，强调项目建设的经济可行性，同时也包括国民经济评价的内容，强调项目开发对区域经济贡献。在社会评估方面，IHA 评估规范十分重视项目影响社区的社会管理，强调建立水电开发的利益共享机制，促进受影响区域和人群共享水电开发的效益。我国水电开发社会方面的规范以移民安置为主，对移民安置规划、实施及后期扶持等方面有具体详细的规定，比 IHA 评估规范更为具体和深入，但是对利益共享、社会管理、沟通协商等其他方面的规定比较简略，社会标准还有待完善。

4.1.4 国际绿色水电认证对我国的借鉴作用

实践表明，这些机制和评估框架能够为水电开发的健康发展提供有效支持。总结借鉴国外绿色水电和水电可持续性的经验，有利于推动实现我国水电工程技术—经济—环境—社会复合系统长期、全面、均衡发展。对照其实践和经验，我国水电开发已经建立了比较系统的水电开发法规、政策和技术标准体系，政策和标准涵盖了环境、经济和社会等方面的内容，与绿色水电和可持续水电的基本理念和原则是一致的，内容全面且与国际基本接轨，在水环境、土壤环境、国民经济评价、移民等领域的标准更为深入和全面。

4.1.4.1 绿色水电认证是水电工程环境管理的有效方式

绿色水电评价认证是国际上广泛实施的环境标志的一种形式，通过产品认证引导消费者购买环境友好的产品，利用经济杠杆，推动和鼓励环境友好型产品的生产和消费，最终达到改善环境的目的。通过技术评估和经济激励，绿色水电认证鼓励水电工程的运营商主动自愿保护环境和修复生态。随着经济社会的高速发展，我国水能资源开发利用不断加速。未来我国水电行业的重点将逐步由工程建设转向运行管理，因此借鉴国外绿色水电认证的经验，从技术评估和激励机制两个方面，建立水电工程环境管理和综合性管理机制十分必要[65-67]。在技术评估方面，我国可以在国际标准的基础上，结合我国已有技术标准和国内外最新科研成果，建立针对水电工程生态环境影响评估的技术指标和评价阈值。在激励机制方面，可以根据我国水电开发管理和电力市场的实际状况，制定切实可行并且对工程业主具有吸引力的配套激励政策。

4.1.4.2 提高管理成效需要强制性和自愿性管理相结合

国际绿色水电认证属于非政府机构开展的自愿性认证，对于水电工程的环境管理，政府还应当通过强制性方式进行直接管理。例如美国联邦能源管理委员会（FERC）在定期换发水电工程的运行许可证时，都把环境保护措施的落实和改进作为重要前提条件，提出具体要求。对于联邦所有的骨干水电工程，美国渔业与野生动物局（USFWS）或者国家海洋和大气管理局渔业署（NOAA Fisheries）还会针对鱼类保护提出具体和详细的意见和要求，进行直接管理和监督；对于非联邦项目，USFWS 或者 NOAA Fisheries 对电站运行期的鱼类保护措施提出建议，并报告给 FERC，当这些电站向 FERC 申请换发运行许可证时，FERC 将决定是否实施这些措施，一旦决定就具有强制性，运行必须遵照执行。强制性管理建立了水电工程运行保护河流生态的基础，在一定程度上为基于激励机制的自愿性认证提供了前提条件[68-71]。根据我国经济社会发展的现实条件，为了取得水电工程环境和综合管理实效，仍然需要政府发挥主导作用，同样施行强制性和自愿性相结合的管理机制。

4.2 实施中国"可持续水电"认证的构想

4.2.1 必要性和基础条件

4.2.1.1 可持续水电认证的必要性

可持续水电认证对于保障和促进我国水电开发与生态环境的协调具有十分重要的作用。我国已修建了很多水电站，由于以前对生态环境问题和移民问题认识不足，对河流的生态环境保护和移民安置没有强制性的要求，也没有明确的指导标准和激励机制，对河流生态系统的保护和移民问题的妥善解决缺乏认识和积极性。

可持续水电认证是实现社会效益、经济效益和环境效益共赢的最佳途径，水电工程的特点是生态环境影响为主，随着社会的发展和公众环境意识的提高，具有共享特征的生态环境质量日益受到政府和社会的广泛关注。随着政府对绿色产品的鼓励和公众支付意愿的提高，环境友好型水电站会给企业带来丰厚的经济回报，同时势必可以提高电力产品的环境价值，有助于改善企业形象，实现经济效益和环境效益的双赢。

可持续水电标准的建立能够促进我国水电工程生态环境保护工作的开展。目前我国在水电工程建设、施工、管理以及设备制造技术方面的发展已经比较成熟，在一些方面还处于国际先进水平。但是，在水电工程的生态环境保护的理论和技术方面与国际水准还有较大差距，对诸多问题还停留在现象和概念的讨论阶段，尤其缺乏实证性研究成果的指导。在水电工程生态环境保护标准方面，不仅需要基础性的技术规范，还需要一系列专业标准的补充，从而为工程设计、运行和管理过程中制定生态环境保护措施提供具体的技术依据。

可持续水电认证是对现行环境影响评价制度的补充和完善。水电工程的建设大体可以分为规划、设计、建设和运行 4 个阶段，现行的环境影响评价制度相应有规划环评、建设项目环评、环境监理和监测、环保验收和评估 4 个方面的内容。水电工程对生态环境的影响更多体现在工程运行阶段，而工程对生态环境的影响过程大多具有动态特征，很多效果往往需要一定时期之后才能显现。因此不能认为通过环保验收的工程在环境上就是可接受的，还需要在工程运行过程中进行持续的评估和管理，具有有效期限的可持续水电认证有效弥补了现行水电工程环境影响评价制度的不足，实现了对水电工程生态环境保护的持续性管理。

4.2.1.2　可持续水电认证的法律依据

《中华人民共和国宪法》第九条规定："国家保障自然资源的合理利用，保护珍贵的动物和植物。禁止任何组织或者个人用任何手段侵占或者破坏自然资源。"《中华人民共和国民法典》第二百九十四条规定："相邻不动产之间不可量物侵害是指不动产权利人不得违反国家规定弃置固体废物，排放大气污染物、水污染物、土壤污染物、噪声、光辐射、电磁辐射等有害物质，侵害相邻不动产权利人利益。"《中华人民共和国水法》第二十六条规定："建设水力发电站，应当保护生态环境，兼顾防洪、供水、灌溉、航运、竹木流放和渔业等方面的需要。"《中华人民共和国环境保护法》第十九条规定："编制有关开发利用规划，建设对环境有影响的项目，应当依法进行环境影响评价。"2006 年实施的《中华人民共和国可再生能源法》把水能纳入可再生能源的范畴，同时规定"水力发电对本法的适用，由国务院能源主管部门规定，报国务院批准"，这表明有必要制定相应的方案来筛选环境友好的水电工程，使之能享受可再生能源法提供的优惠政策。从以上法律条文可以看出，建立可持续水电认证制度已经具有了明确的法律依据和基础。

4.2.1.3　可持续水电认证的社会基础

党的十六届六中全会明确提出了"加强环境治理保护，促进人与自然相和谐"的目标。国家对拟建和已建项目的环境监管力度日益加强，随着我国社会经济的发展，生态影响行为逐渐成为环境监管的关注点，水利水电工程对生态环境的不利影响成为政府管理的重点。同时，随着人民生活水平的提高和环境意识的增强，社会公众对生态环境问题日益关注。政府重视和公众关注为进行可持续水电认证与研究提供了良好的社会基础条件。

4.2.2　机构建设

开展立足中国国情和新一轮电力体制改革大背景的可持续水电认证旨在促进我国水电的健康和可持续发展，为了客观公正地进行评价和认证，认证工作的实施需要有完善的组织机构。国外的管理经验为我国的可持续水电认证管理提供了借鉴。

瑞士对绿色水电进行审核评定的组织是瑞士环境健康电力协会（VUE），是一个由瑞士电力公司、供电商、非政府环保组织和非政府消费组织所支持的独立组织；美国进行低影响水电认证的组织——低影响水电研究所（LIHI）是一个非营利性组织。在我国，电力市场以国家统一管理为主，地方和区域性电力所占的份额相对较小，同时我国的非政府组织、民间机构并不发达，因此，我国可持续水电认证的机构需要经过多方论证，建立符合国情和经济社会发展阶段的认证体系。

我国可持续水电认证机构的设立、认证市场的激励等首先应得到国家有关法律法规、财政、物价等相关政策的支持，公平、公正和公开地开展认证工作。制定和完善科学的认证标准，采用透明的认证程序，科研院所和行业协会可以通过适当的方式参与或为认证机构提供技术支持和咨询工作，共同探讨适合中国国情的可持续水电扶持政策。水能资源主管部门应负责指导和监督可持续水电标志管理工作，对于审定通过可持续水电认证的电站由水能资源主管部门公布，并颁发证书和标志。以负责研究制定可持续水电评价体系和认证标准的公益性机构为平台，赋予其承担全国可持续水电认证工作的具体任务，负责可持续水电认证标志的组织实施等日常工作，对申请的项目组织评审、公示，建立并管理评审工作档案，并接受主管部门的监督与管理。

因此在中国实施可持续水电认证需要选择信用度高的第三方机构来建立与执行可持续水电认证。认证机构贯穿着整个可持续水电认证工作，从绿色标准体系的建立与认证流程的拟定，至认证实施时的评估、审查及认证后的监督。当认证通过奖励措施与经济利益有所交叉时，维持认证机构的公平公正性显得尤为重要，关系到可持续水电认证能否长期健康的推广。所以，认证机构首先需要由业内具有一定公信力与影响力的专家作为核心力量，建立起制度化管理模式，采取透明的程序执行认证，以逐渐提高认证的权威性。认证的目的是促使水电工程的不利环境影响降至最低程度，并且为电力消费者提供可信并可接受的生态标志。

4.2.3 激励措施

结合我国的经济体制，建立有效的奖励机制。可持续水电认证不能成为水电开发者的枷锁，仅依靠开发者牺牲经济利益而获得环境效益，认证本身也不是可持续的，而适当的激励措施可让水电开发者更为主动地参与可持续水电认证。目前，对风能、生物质能、太阳能等可再生能源的发电利用，我国有相应的扶持政策及补贴，制定了《可再生能源发电价格和费用分摊管理试行办法》和《可再生能源电价附加收入调配暂行办法》等，对可持续水电可借鉴国内外对可再生能源的补贴方式，如调整电价、减税等。具体的奖励措施依赖于政府部门之间的协商与合作，政府的支持对可持续水电认证的实施起着决定性的作用。

国外绿色水电认证制度的推行一般依托于自由化的电力市场，消费者可基于自愿的原则选择定价稍高的可持续水电，而额外的电力收入也会刺激水电经营者加入绿色认证的行列。瑞士"绿色水电"认证规定每千瓦时电额外收取约 0.67 欧分用于设立水电站生态投资基金，用于进一步修复、保护及提升其所在流域的生态环境。美国低影响水电认证也采取同样的方式，获得的水电站能以价格较高的绿色电价销售电力[72-73]。目前全球绿色水电的奖励机制还比较单一，一般与可再生能源的绿色电力项目捆绑推行。欧美国家对后者采取了更多的补贴方式，除来自消费者的自愿支持，还包括不同形式的政府补贴，对我国制定可持续水电激励措施具有一定的借鉴价值。国外绿色电力的激励机制见表4.5。

表 4.5   国外绿色电力的激励机制

类　型	具　体　形　式	实　施　国　家
自愿方式	绿色电价、消费者入股、私人或公司捐款	德国、芬兰、瑞典、美国、英国等
政府财政奖励	减税、返税、政府规定较高的上网电价	几乎所有欧洲国家
政府规定配额	由政府招标，允许投资商在合同期内以投标电价售电，政府强制规定电力交易中绿色电力的比例	奥地利、丹麦、意大利
间接方式	碳税、非绿色电力征收生态税、减少或取消化石燃料和火电的政府津贴	丹麦、芬兰、德国、英国、瑞典等

为使水电的开发和运营管理者积极参与到"可持续水电"的实践当中，应从政策推动、经济激励和市场调节等方面进行激励。

4.2.3.1　政策推动

最重要的是制度化建设。在瑞士和美国，电力市场比较开放，供电公司和最终电力用户可以自由选择发电商，用户可以自愿选择购买绿色电力，为环境保护作贡献。目前我国的电力市场现状和消费者观念，可持续水电认证的推广离不开政府的支持。国家可予以绿色电力提供商政策上的优惠和扶持；政府部门和企事业单位带头购买绿色电力，以树立政府形象和引导公众对绿色电站的认可等。建议研究出台促进我国可持续水电认证的规划方案及有关扶持政策，以制度化的方式保障我国可持续水电认证工作的顺利实施。

4.2.3.2　经济激励

经济激励对可持续水电认证的顺利推广具有更加现实的意义。可采取的措施有融资激励、财税激励和电价补贴等。融资激励主要指为绿色电站提供财政性资金支持、政策性银行的贷款支持、延长银行贷款期限以及支持企业债券融资等活动；财税激励主要涉及降低可持续水电认证的水力发电企业所得税税率和增值税税率。水电产业属于国家重点扶持和大力发展的能源基础产业，国家鼓励和支持发展清洁能源，对提供清洁能源产品的水电企业应给予增值税方面的优惠。此外可对可持续水电进行生态建设补贴，支持小水电的上网，适当提高上网电价或给予与火电的同网同价待遇[74-76]，当前或可以统筹考虑采用对水电等可再生能源电价的财政补贴等形式。

4.2.3.3　市场措施

推广可持续水电认证，要充分考虑可持续水电认证相关利益方问题。一是开发商利益问题。只有在开发商能够从开发可持续水电中获益的条件下，才能获得广泛实施的基础。二是电站影响区居民利益问题，如环境改善、就业机会增加或电价优惠等。三是可持续水电相关的产业链利益问题。一个真正的可持续水电站，需要开发商、设备供应方、设计方和施工及监理等方面的配合与协调，在可持续水电产业的发展过程中共同受益。

可持续水电理念是协调水电开发与生态环境保护、移民安置等矛盾的新尝试。建立符合我国经济社会发展阶段的可持续水电评价指标体系，并进一步构建"可持续水电认证体系"，将有助于解决水电开发的环境和移民困扰，积极引导我国水电开发向全面、协调和可持续的方向发展。我国正处在经济高速发展、社会变革日益加快的时期，人们对环境的要求越来越高，对建设绿色家园、使用绿色能源越发理解和认同，同时"以人为本"的发展理念要求水电开发者更加关注对移民的关怀，因此可持续水电认证研究需要在借鉴西方发达国家有关经验的基础上，紧密结合我国国情，在保护环境的前提下加快作为最重要的可再生能源的水电的又好又快发展，实现我国能源发展的战略目标。在建立可持续水电认证体系的过程中，政策引导和市场激励具有同等重要的作用，应抓紧研究，推动我国可持续水电认证工作的早日实施。

<table>
<tr><td>第
5
章</td><td># 国内外可再生能源激励政策对比研究</td></tr>
</table>

5.1　世界典型国家可再生能源政策形成及其政策取向

目前欧洲、美国在可再生能源领域走在世界的前列，由于可再生能源成本普遍偏高，市场竞争力相对较弱，所以发达国家与发展中国家都借助于一系列的优惠政策措施激励可再生能源的发展。本章对世界典型国家的可再生能源政策进行了梳理。

5.1.1　德国的固定电价制度

1990年德国议会批准了《电力供应法案》，要求风电、太阳能发电、水电和生物质能发电价格按居民电力零售价的90％执行，此外还实行投资直接补贴、低息贷款等政策。2000年德国的《可再生能源优先法》明确了分类电价制度，提高了投资商发展的积极性；同时，由于固定电价实际上成为项目融资的担保，十分有利于中小企业的项目融资[77-80]。目前，德国是世界上可再生能源发展最快的国家，成为世界规模最大的风电和太阳能市场之一。2003年，德国可再生能源发电总量已达到了46.3TW·h，占全部发电量的8％左右，其中风力发电装机容量达到14.6GW，居世界第一。在风能技术的研发中，德国政府投入约20亿美元，使德国风机装备制造能力和水平居世界先进行列，形成了规模可观的风电和太阳能制造基地。可再生能源发电技术和规模的大幅度提升，有力地促使了可再生能源成本与价格的大幅度降低[81-83]。

5.1.2　英国的配额/招标系统

1989年英国议会通过了《1989年电力法》，根据其条例，英国的国务大臣颁布了一个要求电力公司购买一定量的可再生能源电力的法令，集中招标制度促进了可再生能源发电的发展。到1997年，实际完成合同装机容量440MW，平均电价下降了19.5％。但还是没有满足政府的可再生能源发展目标，其原因主要是来自地方政府的阻力，而政策本身的设计缺陷也造成了实际操作中存在恶性竞争的现象。2002年，英国废止了《化石燃料公约》，实施了《新可再生能源公约》，要求电力供应商必须购买一定比例的可再生能源电力，同时建立可再生能源交易制度和市场[84-86]。可再生能源发电企业可获得可再生能源证书，证书可在国内交易市场自由交易。

5.1.3 澳大利亚的配额制

1999 年 11 月，澳大利亚联邦政府宣布支持国家可再生能源发展目标，到 2010 年可再生能源发电量将增加到 25.5TW·h，相当于全国总发电量的 12%。该政策在全国范围内实施，各州和地区的所有电力零售商和批发商都应按适当的比例执行上述规定，对未完成规定配额的责任人处以 40 澳元/（MW·h）的罚款。2000 年绿色证书交易系统正式运行。实施配额制后，澳大利亚可再生能源产业已经得到了迅猛发展，在可再生能源的研究开发和产业发展方面处于世界领先地位。

5.1.4 美国的补贴加配额制

1986 年以前美国采取投资抵税、高电价收购和提供标准合同范本等间接补贴的措施，以鼓励增加可再生能源发电装机[87,88]。20 世纪 90 年代以后，取消了高电价政策，采用了直接补贴发电量的方式，补贴由联邦财政承担，但各州也有自己的鼓励政策。1992 年美国国会通过的《能源政策法》规定，对可再生能源发电项目按照发电量予以所得税抵扣，可再生能源企业每发 1kW·h 的电力，可以享受 1.8 美分的税收抵扣优惠，并规定对可再生能源资源的开发利用给予投资税减免。

目前美国有 6 个州实行电价加价政策，但各州的具体做法和收费标准不尽相同，如加利福尼亚州规定加收 0.3 美分/（kW·h），伊利诺斯州规定每户每月多交 0.5 美元。实践证明，这是一种有效的集资手段，对扶持风力发电作用显著。还有 12 个州实施了可再生能源配额制度（RPS），得克萨斯州自 1999 年实施的配额制政策是美国最成功的可再生能源激励政策。实际上，美国采用配额制和公共效益基金（SBC）相结合的模式发展可再生能源。

5.1.5 丹麦由补贴政策转型为配额政策

丹麦对风电的研究始于 1891 年，是世界上最早进行风力发电研究开发的国家之一。1976—1995 年，丹麦投入 1 亿美元用于风能发电的研究与开发。目前丹麦在风电机的制造、控制方面仍处于国际领先的地位，是世界上最大的风电技术开发和制造业中心。丹麦对风电长期实行保护性电价政策，从 1992 年开始对风电实行的购电价格规定为零售电价的 85%。到 1999 年，议会决定废止固定电价政策，推出一个可以交易绿色电力证书的国家再生能源配额制的新市场[89-92]。此外，为使风电投资具有吸引力，丹麦实施了各种形式的优惠政策，对风机制造厂商和风电场业主实施给予直接补贴、税收优惠和资助等激励政策。

5.1.6 荷兰绿色电价制度

绿色电价制度主要是发挥最终用户的积极性，利用公民的环境意识来发展可再生能源。荷兰大约 30% 的居民自愿购买了绿色能源。1998 年，荷兰政府颁布了一项新的电力法令，在为电力的生产、运输和供应制定一系列标准的同时，引进了绿色证书计划，这一计划规定用户有购买最低限量的绿色电力的义务。根据计划，每向电网中输入 10GW·h

的可再生能源电量，厂商就会获得一份"绿色证书"，达不到要求的公司每 kW·h 要付 5分荷兰盾的罚金。"绿色证书"的市场价格为 3~5 分荷兰盾/(kW·h)，这本质上就是一种强制配额制度。

目前各种推进可再生能源发展办法中，强制配额制度偏重于发挥市场的作用，而固定电价制度是把政府推动与市场机制结合起来，绿色能源制度则是发挥公众意识的作用[93-97]。此外，一些国家（如德国、西班牙和丹麦等）颇具吸引力的"上网"电价成功地促进了可再生能源的开发。按固定电价强制购买政策的实施能迅速地扩大可再生能源市场，直接促进产业的发展和技术进步，使可再生能源发电的成本和上网电价持续下降。欧洲实施强制购买制度的国家可再生能源的发展速度都比实施强制配额制度的国家发展速度快得多（表 5.1）。用未经验证的可再生能源配额标准措施来取代现有的可再生能源政策是冒险的。美国几个州的经验表明，设计不良的可再生能源配额标准对提高可再生能源发电量的作用微乎其微。然而，美国得克萨斯州和澳大利亚新积累的经验表明，一项设计良好、贯彻认真的政策，可以在政府后期行政干预最小的情况下，为可再生能源提供低成本、灵活有效的支持机制。

表 5.1   欧洲主要国家不同政策下的风电产业发展

制度类型	国 家	上网电价 /［欧分/(kW·h)]	装机容量 /MW	就业人数 /人
强制购买制度	德国	6.6~8.8	1410	46000
	西班牙	6.6	6140	20000
强制配额制度	英国	9.6	665	3000
	意大利	13	900	2500

注 资料来源：《不同机制实施效果分析》，英国华威克大学经济学院，2004 年。

5.2 国内外可再生能源政策对比

5.2.1 国家目标导向政策

世界各国都通过制定一定阶段的可再生能源发展目标和计划引导可再生能源的发展，这里称之为"国家目标导向政策"[98-101]。一些典型国家或地区可再生能源发展目标见表 5.2。

表 5.2   一些典型国家或地区可再生能源发展目标   %

	目 标	欧盟	美国	英国	德国	荷兰	中国
2010 年	占总电力供应	22	7.5~10	10	12.5	9	—
	占总能源消耗	12	—	—	—	5	10
2020 年	占总电力供应	—	15	20	20	17	—
	占总能源消耗	20	—	15	10	10	15

美国在 1998—2007 年出台的各种法案中不断提高可再生能源的发展目标。2009 年美国政府提出了到 2012 年美国 10% 的电力来自可再生能源，到 2050 年 25% 的电力来自可再生能源的发展目标。欧盟也为可再生能源积极制定宏伟的发展目标，提出到 2010 年可再生能源占欧盟总能源消耗的 12%（可再生能源电力占总电力供应的 22%），到 2020 年增加到 20%，2050 年要达到 50% 的宏伟目标。在欧盟方针的指导下，英国、德国、丹麦等欧盟各成员国都各自制定了本国分阶段的发展目标[102-104]。巴西政府严格执行生物质燃料在汽油和柴油中的添加比例的规定以促进生物燃料快速发展。1991 年巴西政府颁布法令规定在全国加油站的汽油中添加 20%～24% 的生物乙醇；从 2008 年起，全国市场上销售的柴油必须添加 2% 的生物柴油，到 2013 年添加比例应提高到 5%。2007 年，中国政府在《可再生能源中长期发展规划》中明确提出 2010 年和 2020 年可再生能源在一次能源消耗中比例达到 10% 和 15% 的发展目标，还分别制定了水电、风电和太阳能发电等的发展目标。

5.2.2　财政补贴政策（包括信贷）

5.2.2.1　信贷扶持

德国从 1990 年起对投资可再生能源的企业提供长达 12 年、低于市场利率 1%～2%、相当于设备投资成本 75% 的优惠贷款，还为中小风电场提供总投资额 80% 的融资。巴西国家经济社会开发银行设立专项信贷，为生物柴油企业提供 90% 的融资信贷。联邦政府也设立了 1 亿雷亚尔（约合 3400 万美元）的信贷资金，提供给生物柴油原料种植户。

5.2.2.2　投资补贴

英国政府为投资成本较高的海上风电项目提供 40% 的补贴。德国为投资风电的企业提供 20%～60% 额度不等的投资补贴，还实行分阶段补偿机制。加拿大对可再生能源项目投资的补贴额度从 30% 逐步过渡到 50%，为可再生能源设备购置费和设备安装费提供 25%～100% 额度不等的补贴。日本在"新阳光计划"中对安装太阳能光伏发电系统的本土居民提供投资补贴，补贴额度起初为 100%，随着太阳能光伏产业的逐渐成熟和市场化，补贴额度逐渐降低，并且 2005 年该项补贴被取消，以此来激励太阳能发电产业实现完全市场化运作。印度政府为风电提供 10%～15% 的投资补贴额度。中国政府也对可再生能源项目和企业实施投资补贴，补贴额度由地方政府根据当地情况确定。相比之下，发达国家的投资补贴额度远大于发展中国家，其可再生能源的整体发展也比发展中国家具有优势[105-107]。

5.2.2.3　用户补贴

德国的太阳能安装用户可获得电池费用的 50%～60% 的补贴，从 2000 年起，德国政府对采用家用太阳能系统的用户采取一次性补贴 400 欧元的办法；对用木材作为取暖能源的用户每年提供 150 欧元的补贴。加拿大自 2007 年起对环保汽车购买者提供 1000～2000 加元的用户补贴。我国政府于 2008 年制定并实施了可再生能源原料基地补助办法，规定林业原料基地补助标准为 3000 元/hm²，农业原料基地补助标准原则上核定为 2700 元/hm²。

5.2.2.4　产品补贴

在德国，风电企业每生产 1kW·h 风电可获得 0.06～0.08 马克的津贴。丹麦政府对可再生能源电力实行 0.17 克朗/(kW·h) 的产品补贴。加拿大采取每 1kW·h 风电补贴 1 美分左右的政策，补贴期限为 10 年，还按 1 美分/(kW·h) 的额度返还投资资金。我

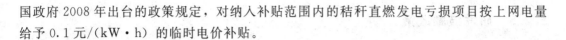

国政府 2008 年出台的政策规定，对纳入补贴范围内的秸秆直燃发电亏损项目按上网电量给予 0.1 元/(kW·h) 的临时电价补贴。

5.2.3 价格激励政策

5.2.3.1 固定价格

固定价格也叫"高价收购"，是许多欧盟国家促进可再生能源发电的有效措施，就是根据各种可再生能源的技术特点，制定合理的可再生能源上网电价，通过立法的方式要求电网企业按确定的电价全额收购[108-113]。采取这种电价制度的国家有德国、英国和法国等。如德国在 1991 年通过了《强制购电法》（*Electricity Feed Law*，EFL）。按照该法，风力发电、光伏发电和生物质发电的价格分别是 9～10 欧分/(kW·h)、45.7～57.4 欧分/(kW·h)、10.5～15 欧分/(kW·h)，公共电力公司必须按照这个价格收购风电、光电等电力。同时，考虑技术进步的因素，德国还详细制定了可再生能源固定电价降低的时间表。对于风力发电的上网价格，法国政府保证按 8.2 欧分/(kW·h) 收购。这种价格机制可以保证风电投资者有合理的利润回报。截至 2005 年，至少有 32 个国家采用了这种固定电价政策。我国采取的政府定价机制在某种意义上也可以归入这一类，政府按照招投标方式和成本利润原则来确定能源电力价格。

5.2.3.2 市场价格

市场价格主要体现在可再生能源配额制上，美国、丹麦、英国和日本等国均实行可再生能源配额制，规定电力公司必须向电力用户提供一定比例或数量的可再生能源电力，并对那些不能满足政策要求的电力公司制定了相应的惩罚措施。例如英国对企业的罚款是 3 便士/(kW·h)，丹麦是 4.5 欧分/(kW·h)[114-115]。欧盟、美国等还在此基础上实行了绿色交易制度，根据绿色发电量为可再生能源企业颁发绿色证书，这些证书可以在市场上进行交易。

5.2.3.3 最低保障价格

丹麦是采取最低保障价格措施的代表国家，规定风电等可再生能源的最低价格，电力公司必须高于最低价格购买和出售可再生能源电力。美国一些州实行电网收购政策，按照居民净用电量的多少征收费用，相当于按照销售电价确定可再生能源电价。还有一些州采用可避免成本的计算方式确定可再生能源电价[116-118]。此外，有的国家采用的办法是规定可再生能源电力价格与常规电价之间的比例大小，可再生能源电价随常规电力价格的变化而变化。

5.2.4 税收优惠政策

对可再生能源产业实施税收优惠政策是世界各国普遍采用的措施。美国政府规定可再生能源相关设备费用的 20%～30% 可以用来抵税，可再生能源相关企业和个人还可享受 10%～40% 额度不等的减税额度[119-124]。欧盟及英国、丹麦等各成员国规定对可再生能源不征收任何能源税，对个人投资的风电项目则免征所得税等。印度政府对可再生能源项目实施免税或低税率政策。我国政府通过实行低关税、低企业所得税、低增值税（6%）等措施降低税率，还通过税前还贷以及加速折旧等方式来免除可再生能源企业的所得税。

5.2.5　研发鼓励政策

美国、德国、丹麦、英国、印度、巴西等国都有专门的国家级可再生能源机构,为从事可再生能源工作的相关机构和企业提供技术指导、研发资金等方面的支持,从国家层面统一组织协调可再生能源的技术研发和产业化推进工作[125-127]。各国政府都对可再生能源的研发投入大量资金。美国是世界上可再生能源研发投入最多的国家,2007 年投入已超过了 130 亿美元。日本政府从 1993 年起每年仅用于太阳能光伏发电的研发费用就达到了 1 亿美元以上。我国政府通过科技攻关项目、863 计划和 973 计划为可再生能源发展提供了一定的经费支持,"九五"期间投入约 6000 万元,"十五"期间投入约 3 亿元人民币。

5.2.6　法律法规保障

各国可再生能源的健康发展离不开健全的法律法规保障。各主要国家纷纷采取制定相关的法律法规来鼓励可再生能源的开发。在这些制度指导之下,通过制定一系列的优惠政策和配套措施,并通过市场经济的协调来鼓励各界投资和利用可再生能源,为可再生能源创造良好的发展环境[128]。从发达国家到发展中国家,包括美国、英国、中国等在内的很多国家都出台了一系列有关可再生能源的法律法规。

5.3　国外几种激励政策在我国的适应性分析

5.3.1　配额制

配额制最引人关注的是其市场竞争机制的建立,有利于促进技术进步和降低成本。法律保障及其与市场竞争相结合的运行机制、政府最低程度的行政参与使政策的框架结构具有稳定性,有利于持续性培育可再生能源电力产业,促进我国可再生能源发电的规模化和商业化发展。而且,该机制与国内其他方针政策有很好的相关性和协调性。电力体制改革为可再生能源发电配额政策在法律上得到认可提供了难得的机遇和挑战,绿色证书交易机制使资金和资源在东部、西部之间交换,与国家的西部大开发战略和可持续发展战略是一致的[129-133]。此外,配额制在支持本地化生产方面也有一定的积极作用。然而,配额制在中国实施的时机还不成熟,具体有以下几方面的原因。

1. 缺少配套政策支持

可再生能源在发展的初期属于弱小的产业。不论是发达国家还是发展中国家,可再生能源的发展都离不开政府的激励政策,如减免税、补贴、低息贷款、加速折旧、帮助开拓市场等一系列的优惠政策。而我国目前尚缺乏完整和有效的激励政策。

2. 电力市场不成熟

配额制的实施需要成熟的电力市场,而我国电力改革尚处于初级阶段,电力市场还不成熟,存在许多不确定因素,如下:

(1) 市场主体发展不充分。电力行业在我国一直是垄断性行业,我国于 2002 年 10 月开始的电力体制改革尚未到位,改革后中国也只有一家电网企业,发电集团公司虽然数量

较多，但经营机制未发生根本改变。

（2）不具备竞争格局。由于我国电力的发展一直以来缺乏稳定的政策支持，基本上处于国有资本垄断状态，民间投资受到资金、技术等方面的限制，几乎无法进入市场，缺少基础的竞争条件。

（3）采用的绿色证书机制需要比较完善的法律法规体系，需要建立监管机构对绿色证书市场进行全面的监督和管理。

（4）配额制属于新型政策工具，在国际上的实施经验积累不足，还没有大量的成效论证报告可供参考[134-137]。配额制可有多种设计方案，设计起来十分复杂，也十分灵活，很难把握得当，同时，我国还缺乏绿色证书交易市场的运行经验。

3．不同地区之间利益分配是实施配额制的障碍

在只注重局部环境利益的环保政策驱动下，东部地区不愿意为自己不是主要受益者的环境保护付出经济上的代价。在全国没有实行二氧化碳等温室气体排放控制政策的情况下，实行邻近地区的交易较容易被接受，而远距离的跨区交易尚有一定的困难[138-141]。

4．配额制的实施存在风险

配额制的实施存在的风险主要是电力市场波动的风险，在配额制实施的初期必然会引起价格的上升，从而使电力市场受到一定的影响；其次是政策执行成本上升的风险，新政策的执行需要投入一定的成本，如果政策设计存在问题，则执行成本会突破事先的估计；另外，在配额制政策的执行中，也会面临政策失效带来的风险[143-146]。

5.3.2　固定电价制度

固定电价制度符合我国作为可再生能源弱势产业的具体情况。固定电价制度主要鼓励中小投资者，适合可再生能源分布分散、能量密度小、适合小规模投资的特点，也符合我国当前鼓励中小企业发展、为失业人口提供就业机会的政策[142]。固定电价制度的稳定价格和强制收购措施基本上能够满足我国可再生能源发展的需要，并能够避免东部不愿意为自己没有直接受益的环境改善付出经济上的代价所带来的政策阻力，能在短期内促进西部可再生能源发电达到预期规模，初期比配额制可以更快地推动我国可再生能源的发展。此外，固定电价制度操作简单，执行成本较低，能够较好地与我国现有的电力监管体制和电力竞争环境进行整合，在不要求绝对公平竞争的监管环境中适用[147-150]。但由于固定电价制度强化优惠激励作用，弱化公平竞争意识，不大符合我国经济体制改革和电力体制改革引入竞争、发挥市场调节作用的基本理念和发展模式。

5.3.3　竞争性招标

竞争性招标允许国内外具备一定资格的公司参与竞争，特别是吸引私有资本参与可再生能源开发，有利于实现经营主体的多元化，有利于开发大型可再生能源项目。通过项目招标可以展示可再生能源的性能，增强投资者的信心，带动相关制造业和服务业的发展，从而带动中国可再生能源产业的全面发展。然而，招投标政策的大部分管理工作每年都在进行，而且没有重复性，需要不断的费用支持。

5.3.4　绿色电价制度

2005 年，上海市政府颁布了《上海市鼓励绿色电力认购营销试行办法》，规定自愿购买"绿电"的用户可获得由上海市有关部门颁发的荣誉奖牌或荣誉证书，符合条件的"绿电"用户和"绿电"发电企业可在购买期内按规定使用绿色电力标识。标志着绿色电价制度在我国上海正式开始试行。绿色电价制度在上海顺利实施有两方面的原因：一方面，销售的绿色电量较少；另一方面，上海的电力用户对电价的承受能力较强。目前，我国总体经济发展水平不平衡，在我国实行单纯的绿色电价机制是很难行得通的。但绿色电价制度作为用户侧的电价机制，在我国可作为强制性政策的有效补充，逐步开展，具有特殊的意义[151-153]。当前，我国民众及企业的环境意识空前高涨，可持续能源已成为地球日、环境日的焦点问题，人们对可再生能源的认识正在逐步加深，越来越多的具有环境意识的公民和企业都愿意为环境做一些具体的事情。因此，也可以适时在用户侧推进绿色电价制度，鼓励绿色电力销售，为发展绿色电力筹集资金。

5.4　中国不同类型可再生能源激励政策对比

21 世纪初以来，我国日益重视可再生能源的开发和利用，制定了《可再生能源法》，并陆续出台了一系列促进可再生能源发展的扶持政策，使得政策目的由主要支持农村能源建设转向发展现代可再生能源产业，政策支持重点由分散、低端的能源利用转向并网发电和商品化清洁燃料，政策措施由零散支持政策转向日趋完整、统一的支持政策体系[154-157]。目前，我国主要建立实施了如下几类扶持可再生能源产业发展的基本制度和经济激励政策：可再生能源总量目标制度、可再生能源发电的强制上网制度、分类电价制度和费用分摊制度、专项资金制度、技术研发和产业化项目、税收优惠、财政投资和补贴政策等。这些扶持政策主要应用在风电、太阳能、生物质能和水电产业领域。

5.4.1　风电

2002 年以来，我国中央政府进行了五期风电特许权示范项目，通过竞争性招标确定风电项目上网电价和投资者，启动了规模化风电市场。随着招标项目经验和相关数据的积累，2008 年以来我国逐步转向以固定电价为主的风电上网电价制度。2009 年，国家发展和改革委员会发布了《关于完善风力发电上网电价政策的通知》，规定四类资源区风电标杆电价水平分别为 0.51 元/（kW·h）、0.54 元/（kW·h）、0.58 元/（kW·h）和 0.61 元/（kW·h），之后新建陆上风电项目统一执行所在风能资源区的风电标杆上网电价。随着特许权项目招标制度的改进和固定上网电价的推行，风力发电已呈现出市场前景良好、盈利能力稳定、发展速度加快的发展态势。

风力发电产业的税收优惠政策主要包括风力发电项目的增值税、所得税优惠政策以及风电零部件进口税收优惠政策。自 2001 年起，对企业自产销售利用风力生产的电力实现的增值税实行即征即退的政策。2005 年以来，新建风电项目统一实行 25% 的所得税；但是风力发电新建项目属于《公共基础设施项目企业所得税优惠目录》规定的范围，自项目取得第一笔生产经营收入所属纳税年度起，可享受"三免三减半"的所得税优惠（第一年至第三年可免交企业所得税，第四年至第六年减半征收）。风力发电技术属于国家重点支持的高新技术领域，风电设备制造企业可以争取享受高新技术企业的所得税优惠政策[157-160]。2009年增值税转型改革以来，风电项目允许抵扣新购进风电设备所含的进项税额。上述税收政策，特别是增值税转型改革，提高了风电项目的盈利能力，比较有力地推动了中国风电产业的启动和发展进程。

近年来，我国大力资助了风电技术研发和装备国产化工作。特别地，财政部于2008年8月颁布《风力发电设备产业化专项资金管理暂行办法》，对满足支持条件企业的首50台风电机组按600元/kW的标准予以补助，其中整机制造企业和关键零部件制造企业各占50%。财政部于2008年4月颁布了《关于调整大功率风力发电机组及其关键零部件、原材料进口税收政策的通知》，终止了原有风电机组整机进口免税政策，对国内紧缺的风电机组零部件及材料则实行进口优惠[161-162]。但是，目前我国财政投入对风电相关的基础研究、公共技术研发和服务平台的支持仍显不足，难以满足构建自主风电技术产业体系的要求。

5.4.2 光电

近年来我国政府加快制定完善太阳能利用的激励政策，扶持对象逐步从无电区太阳能光伏发电系统和简单热水器扩大到并网太阳能发电和先进太阳能热利用领域。

根据《可再生能源发电价格和费用分摊管理试行办法》，太阳能发电项目上网电价实行政府定价，其电价标准由国务院价格主管部门按照合理成本加合理利润的原则制定。2008年6月，国家发展和改革委员会准予两个并网光伏发电项目享受4元/（kW·h）的优惠上网电价。2009年3月，国家能源局首次组织了大型太阳能光伏发电站甘肃敦煌项目的招标，中标上网电价为1.09元/（kW·h），从而正式启动了大型太阳能光伏发电市场，并为今后积累光伏发电项目的基础数据、完善并网光伏发电价格机制、推动光伏发电价格的合理下降奠定了基础[163-164]。

2009年3月，财政部颁布《太阳能光电建筑应用财政补助资金管理暂行办法》，对城市光电建筑一体化应用、农村及偏远地区建筑光电利用等给予定额补助，并优先支持并网式太阳能光电建筑应用项目。但是，由于城乡建筑光伏发电系统的上网电价政策尚不明确，该项补贴政策的实施进程也十分缓慢。2009年7月，财政部等部门发布《关于实施金太阳示范工程的通知》，决定综合采取财政补助、科技支持和市场拉动的方式，加快国内光伏发电的产业化和规模化发展。其中，并网光伏发电项目原则上按光伏发电系统及其配套输配电工程总投资的50%给予补助，偏远无电地区的独立光伏发电系统按总投资的70%给予补助。为有效支持并网光伏发电，今后需要加强协调光伏发电的发电管理制度、投资补贴和上网电价政策。

我国还长期实施了无电地区离网光伏发电项目/系统的补贴政策。例如，中国政府、世界银行、全球环境基金支持下的中国可再生能源发展项目（REDP）对太阳电池补贴1.5美元/W。在"送电到乡"工程中，中央和地方财政分别投资了20亿元和10多亿元。目前，公共可再生能源独立电力系统运行维护费用已纳入可再生能源电力费用分摊范围，有效保障了这类项目的持续运行。

太阳能光伏产业的税收优惠政策主要是所得税优惠政策。大型荒漠电站作为基础设施项目享受"三免三减半"的所得税优惠政策,光伏发电技术和设备研制企业享受高新技术企业的所得税减免政策和出口退税政策。

很多地方政府大力支持太阳能热水器应用,并给予财税优惠政策。例如,河北省邢台市对太阳能热水器给予城市建设配套费减免 50% 的优惠。2009 年 2 月启动的"家电下乡"项目把太阳能热水器列入家电下乡政策补贴范围。以后太阳能热利用的推广计划和补贴政策需要更加重视技术先进、满足工商业高端需求的太阳能热利用设备,包括太阳能集中供热系统、太阳能空调、建筑一体化太阳能利用活动。

5.4.3　生物质发电

生物质能利用的主要途径是发电、生物液体燃料和以热利用为主的资源综合利用。2005 年以来,我国积极发展农林废弃物发电、垃圾发电和沼气发电等生物发电项目[158]。目前,生物质发电项目上网电价标准由各省(自治区、直辖市)2005 年脱硫燃煤机组标杆上网电价加补贴电价组成,补贴电价标准为 0.25 元/(kW·h),2008 年以来,可另获得 0.10 元/(kW·h)的临时补贴。发电消耗热量中常规能源超过 20% 的生物质混燃发电项目,则视为常规能源发电项目,执行当地燃煤电厂的标杆电价,不享受补贴电价。

我国在"十五"规划期间初步出台了陈化粮燃料乙醇生产和车用乙醇汽油试点的相关政策,在"十一五"规划期间出台了扶持发展非粮生物液体燃料(包括燃料乙醇和生物柴油)的政策。目前车用生物燃料的经济激励政策主要包括生产税收优惠和补贴、政府指导销售价格和原料生产基地补贴。我国目前对国家核准的燃料乙醇企业的产品给予定额补贴,为 1500~2500 元/t。中央财政对符合相关要求和标准的林业原料基地的补助标准为 200 元/亩(1 亩≈0.667hm²),对农业原料基地的补助标准原则上为 180 元/亩。另外,一批非粮生物燃料技术研发和产业化示范项目也得到一定的财政资助。车用生物燃料的财税和价格政策推动了我国车用生物燃料(主要是陈化粮乙醇)产业的启动和发展,但仍难以适应非粮生物燃料产业的需求。

税收优惠和财政补贴政策主要针对生物质能资源的综合利用,包括农林业剩余物和有机垃圾的发电、沼气、气化和固体成型燃料。以城市生活垃圾、农作物秸秆、树皮废渣、污泥、医疗垃圾等各类垃圾为燃料(垃圾用量占发电燃料的比重不低于 80%)生产的电力和热力产品实行增值税即征即退政策。沼气项目长期获得财政补贴。农业农村部每年对农村沼气的建设及投资有 10 亿~20 亿元的财政补贴,主要用于农村家用沼气和部分农村气化供气项目的支持。2008 年 10 月,财政部发布了《秸秆能源化利用补助资金管理暂行办法》,采取综合性补助方式,支持开展收集秸秆、秸秆成型燃料生产、秸秆气化、秸秆干馏等能源化利用活动。

5.4.4　水电

长期以来,电价问题是水电发展面临的主要问题之一。一是上网电价低。由于水电前期投入大、后期运营成本低、未负担全部环境社会成本,导致设定的水电上网电价偏低,目前仍普遍低于火电价格[165-167]。二是上网电价差别大，电价标准混乱，难以形成公平竞争。农村小水电在1998年全国农村电力体制改革以后失去了自己的供电区，所发电力往往被迫以远低于火电的电价上大电网。另外，各类水电资源开发利用与环境保护和移民发展之间的矛盾日益明显[168]，尽快建立生态补偿机制已成为社会各界广泛关注的热点问题。目前大中型水电站投资经营企业主要向当地提供征地补偿、移民安置补助费，并建立森林植被恢复费用的准备资金，但没有对更大范畴、区域、时期内的生态补偿作出规定。今后需要进一步完善大水电移民和生态补偿政策，尽快建立健全小水电的社会和自然生态补偿政策。2008年以来，我国正研究完善切实促进可持续发展和公平合理的水电价格政策，但预计这将是一个复杂的过程[169-171]。

目前，我国大型水电项目的增值税税率一般为17%。为支持水电行业发展，统一和规范大型水电企业增值税政策，采取了个案处理的办法降低其增值税税负。2014年经国务院批准，装机容量超过100万kW的水力发电站（含抽水蓄能电站）销售自产电力产品，自2013年1月1日至2015年12月31日，对其增值税实际税负超过8%的部分实行即征即退政策；自2016年1月1日至2017年12月31日，对其增值税实际税负超过12%的部分实行即征即退政策。比如，三峡工程实行增值税税率8%的优惠政策，二滩水电项目在竣工投产后前5年（1998—2003年）内实行增值税先征后返的优惠政策。另外，为扶持小水电的发展，对小水电实行了税率为6%的增值税优惠政策。自2014年7月1日起，对县级及县级以下小型水力发电单位［各类投资主体建设的装机容量为5万kW以下（含5万kW）的小型水力发电单位］生产的电力，可选择按照简易办法依照3%征收率计算缴纳增值税。但是由于电力体制问题，农村小水电企业未能很好地享受到增值税优惠政策，实际税负偏重。

5.4.5 核电

为支持核电事业的发展，我国对核电行业实行了一系列的税收激励政策。对生产销售电力产品的核力发电企业，自核电机组正式商业投产次月起15个年度内，统一实行增值税先征后退政策，返还比例分三个阶段逐级递减。具体返还比例如下：①自正式商业投产次月起5个年度内，返还比例为已入库税款的75%；②自正式商业投产次月起的第6～10个年度内，返还比例为已入库税款的70%；③自正式商业投产次月起的第11～15个年度内，返还比例为已入库税款的55%；④自正式商业投产次月起满15个年度以后，不再实行增值税先征后退政策。

原已享受增值税先征后退政策但该政策已于2007年内到期的核力发电企业，自该政策执行到期后次月起按上述统一政策核定剩余年度相应的返还比例；对2007年内新投产的核力发电企业，自核电机组正式商业投产日期的次月起按上述统一政策执行。

自2008年1月1日起，核力发电企业取得的增值税退税款专项用于还本付息，不征收企业所得税。

国家还在此基础上对一些大型核电站制定了相关的个案优惠政策。大亚湾核电站和广东核电投资有限公司在2014年12月31日前继续执行以下政策：①对大亚湾核电站销售给广东核电投资有限公司的电力免征增值税；②对广东核电投资有限公司销售给广东电网公司的电力实行增值税先征后退政策，并免征城市维护建设税和教育费附加；③对大亚湾核电站出售给香港核电投资有限公司的电力及广东核电投资有限公司转售给香港核电投资有限公司的大亚湾核电站生产的电力免征增值税。

综上，当前我国不同类型可再生能源激励政策对比见表5.3。

表5.3 当前我国不同类型可再生能源激励政策对比

能源类型	电价补贴	增值税	所得税	财政补贴
水电	—	★常规大中型水电站增值税率为17%，小水电为6%。 ★装机容量超过100万kW的水力发电站，2013年1月1日—2015年12月31日，其增值税实际税负超过8%的部分即征即退。 ★2016年1月1日—2017年12月31日，其增值税实际税负超过12%的部分即征即退	★常规水电站所得税率为25%。 ★西部地区的水电企业减按15%的税率征收企业所得税	—
风电	★固定上网电价政策：四类资源区风电标杆电价水平分别为0.51元/（kW·h）、0.54元/（kW·h）、0.58元/（kW·h）和0.61元/（kW·h）	★自2001年起，销售利用风力生产的电力实现的增值税实行即征即退50%（实际增值税率约为8%）的政策	★2005年以来，新建风电项目统一实行25%的所得税。 ★"三免三减半"的所得税优惠（第一年至第三年可免交企业所得税，第四年至第六年减半征收）	★《风力发电设备产业化专项资金管理暂行办法》，对满足支持条件企业的首50台风电机组，按600元/kW的标准予以补助。 ★《关于调整大功率风力发电机组及其关键零部件、原材料进口税收政策的通知》，对国内紧缺的风电机组零部件及材料实行进口优惠
生物质	★标杆上网电价＋补贴电价：0.5～0.6元/（kW·h）。 ★补贴电价标准为0.25元/（kW·h）。 ★2008年以来另获得0.10元/（kW·h）的临时电价补贴	★利用生物质资源生产的电力在自产销售环节实行增值税即征即退100%的政策	★"三免三减半"的所得税优惠	★对国家核准的燃料乙醇企业的产品给予定额补贴：1500～2500元/t。 ★对符合相关要求和标准的林业原料基地补助标准为200元/亩，对农业原料基地补助标准原则上为180元/亩 ★对农村沼气的建设及投资补贴：每年10亿～20亿元。 ★《秸秆能源化利用补助资金管理暂行办法》，采取综合性补助

能源类型	电价补贴	增值税	所得税	财政补贴
光电	★按照合理成本加合理利润的原则实施政府定价政策：0.8～1.1元/(kW·h)	★自2013年，对纳税人销售自产的利用太阳能生产的电力产品，实行增值税即征即退50%（实际增值税率约为8%）的政策	★大型荒漠电站作为基础设施项目享受"三免三减半"的所得税优惠。 ★光伏发电技术和设备研制企业享受所得税减免政策	★《太阳能光电建筑应用财政补助资金管理暂行办法》，对城市、农村及偏远地区光电建筑电利用给予定额补助。 ★《关于实施金太阳示范工程的通知》，并网光伏发电项目原则上按光伏发电系统及其配套输配电工程总投资的50%给予补助，偏远无电地区的独立光伏发电系统按总投资的70%给予补助。 ★无电地区离网光伏发电项目/系统的补贴政策，10亿～20亿元
核电	★固定电价政策：0.43元/(kW·h)	★核力发电企业生产销售电力产品统一实行增值税先征后退政策，15年内按一定比例返还已入库增值税	★"三免三减半"的所得税优惠	—

第6章 中国水电可持续发展配套政策研究

∙∙∙

6.1 现阶段我国水电发展面临的主要问题

从目前我国能源特点来看，加快水电发展是优化能源结构、实现我国减排目标以及2020年非化石能源发展目标的必由之路。但是，由于水电政策未能与时俱进，目前我国水电发展面临诸多困难。

6.1.1 水电发展配套政策不到位

为有效贯彻落实《可再生能源法》，按照有关规定应该出台水电适用可再生能源法的相关规定，但由于种种原因至今未发布。

2006年1月1日施行的《可再生能源发电价格和费用分摊管理试行办法》适用范围限于风力发电、生物质能发电、太阳能发电、海洋能发电和地热能发电，而水力发电价格仍按现行规定执行。2006年，国家发展和改革委员会等八部门联合发布的《关于加快电力工业结构调整促进健康有序发展有关工作的通知》（发改能源〔2006〕661号）明确提出："依法贯彻落实《可再生能源法》中有关可再生能源发电电价、电量、上网等政策，加大对可再生能源的扶植力度，实现水电全额上网，同网同价[172-175]。"但由于种种原因，目前并未真正落实到位。

6.1.2 当前水电价格偏低

6.1.2.1 水电价格水平偏低

当前我国水电价格整体水平偏低，多种价格并存，导致个别地方甚至存在弃水的情况，不利于水电资源的可持续开发。水电成本除日常运行维护与检修费用外，还包括财务费用、大坝库区维护费、库区基金、水资源费等[176-178]。近年来，随着国家对环境保护资金投入的进一步加大，库区基金、水资源费等收费标准不断提高[179-182]。此外，水电增值税可抵扣金额少，税负较重（一般高于16%）。

表 6.1　　　　　　　　　水电与其他发电能源价格水平比较

能源类型	电价/[元/(kW·h)]	能源类型	电价/[元/(kW·h)]
火电	0.3~0.5	生物质	0.5~0.6
水电	0.2~0.4	光电	0.8~1.1
风电	0.51~0.61	核电	0.43

6.1.2.2 水电承担的公益或准公益作用未得到补偿

水电工程一般都具有防洪、灌溉、航运、水产养殖等社会效益。但是，当前水电定价并未考虑上述效益，导致水电工程因履行社会责任或投入公共服务不能得到回报[183-186]，同时政府又没有适度给予补偿，这在一定程度上影响水电工程的良性运行，影响了水电工程综合效益的有效发挥。

6.1.3 水电定价机制有待完善

6.1.3.1 一个区域多种上网电价并存

在电力体制改革后，同一区域电力市场按水力发电设备容量大小可分为统调机组、地调机组，甚至还有地方小机组。因利益归属不同，导致上网电价水平不尽相同。一般情况下，统调机组价格会比地方小水电机组上网价格高，不利于市场公平竞争[187-191]，成为已建成水电站弃水问题的关键。

6.1.3.2 水电企业根据个别成本核定上网电价

"一厂一价"的定价方式使得投资者为了争取项目上马，在申报阶段尽可能将投资估算做小，将效益放大；而建成后往往因多种原因不断追加投资，导致项目经济性下降。因此，投资方会将更多的精力放在调整预算和争取上网电价上，不利于电源布局与造价控制。

6.1.3.3 水电电价结构不能体现优质优价的原则

水电单一的电量电价不能体现优质优价的原则，奉献多，回报少，不利于水电事业发展[192]。一般情况下，水电厂担负调频、调峰和备用责任，为整个电力系统的稳定运行提供保障，为电网带来潜在的或直接的经济效益。但是，水电站因机组启停频繁且发电量少，降低了自身的经济效益和竞争能力，不利于水电系统的安全稳定运行。

6.1.4 水电开发创新机制不足

按照国家部署，"十二五"规划及之后很长一段时期，我国水电开发的重点主要集中在西南地区的大江大河上，开发产生的生态环保、移民安置、工程技术处理等问题相当突出，这需要各级政府、主管部门、企业共同努力，结合国家宏观政策，不断创新审批机制、规划机制、移民机制，形成有利于水电开发的建设规划、移民规划、技术规划等[193-197]。

6.2 水电税收政策研究

6.2.1 中国水电行业的税费构成与计税方式

水电建设周期长、牵涉面广、环节多，在建设及运行过程各环节的许多项目都要缴纳各种税费。2016年3月23日财政部、国家税务总局下发通知，从2016年5月1日起，在全国范围内全面推行营业税改征增值税（以下简称"营改增"）试点，包括建筑业、房地产业、金融业、生活服务业等营业税纳税人全部纳入试点范围。

"营改增"以前，水电站建设期所缴纳税费主要有营业税、城市维护建设税、教育费附加、地方教育附加、进口设备关税和增值税、国产机电和金属机构设备增值税、建筑材料增值税、印花税、施工车辆车船使用税、矿产资源税、耕地占用税、耕地开垦费、森林植被恢复费以及代缴的个人所得税等，见表6.2。水电运行期所缴纳税费主要有增值税、企业所得税、大中型水库库区基金、水资源费、城市维护建设税、教育费附加、地方教育附加、印花税等。其中，增值税、企业所得税、营业税、销售税金附加（即城市维护建设税和教育费附加）、水资源费、库区基金、耕地占用税涉及数额及影响较大。

表6.2　　　　　中国水电开发涉及的主要税费情况表（2016年"营改增"前）

	项 目	税费性质	税 率	缴纳地	备 注
建设期	营业税	地税	3%、5%	工程所在地	建筑及安装3%，设计、监理税率5%
	国产机电和金属机构设备、建筑材料增值税	国税	17%	企业核算地	中央与地方共同分享，中央75%，地方25%
	企业所得税	国税	25%	核算地及分支机构所在地	中央与地方共同分享，中央60%，地方40%
	城市维护建设税	地税	7%、5%、1%	工程项目所在地	—
	教育费附加	地税	3%	工程项目所在地	—
	地方教育附加	地税	1%	工程项目所在地	—
	印花税	地税	0.3‰、0.5‰	属地缴纳	—
	矿产资源税	地税	0.5~20元/(t 或 m²)	资源开采地	—
	耕地开垦费	政府性基金	征地成本的1倍	各级国土主管部门	—
	耕地占用税	地税	—	工程所在地	临时占地不到1年减半征收
	森林植被恢复费	政府性基金	—	各级林业主管部门	—
	河道采砂管理费	政府性基金	—	各级水利主管部门	各省收费标准各不相同
	施工车辆车船使用税	政府性基金	—	交通稽查部门	—
运行期	增值税	国税	17%	企业核算地	中央与地方共同分享，中央75%，地方25%
	企业所得税	国税	25%	核算地及分支机构所在地	中央与地方共同分享，中央60%，地方40%
	水资源费	政府性基金	—	各级水利主管部门	各省收费标准各不相同，中央10%，地方90%
	大中型水库库区基金	政府性基金	≤0.008元/(kW·h)	财政部门	用于库区基础设施建设及移民
	城市维护建设税	地税	7%、5%、1%	工程项目所在地	—
	教育费附加	地税	3%	工程项目所在地	—
	地方教育附加	地税	1%	工程项目所在地	—

随着"营改增"政策的全面落地与实施，水电工程自身适用的税率和水电工程的计税方式也发生了变化。由于营业税是价内税、增值税是价外税，在两种税制下，水电工程的计价程序有所不同，导致税金计算具有显著差异。在"营改增"之前，计算水电工程营业税时，建筑材料的综合单价由两部分组成，除了材料的价格外，还包含税金。而"营改增"之后，计算水电工程增值税时，通过价税分离的方式，将材料价格的税金排除在外，只计算"价内税"，这样就帮助水电企业节省了建筑材料本身的税金。与之类似的，还有水电工程建设中的人工费、机械费等，都是采取了计税分离模式。这种新的计价体系，明显简化了计税难度，特别是那些规模较大的水电工程，人工费、材料费的组成复杂，很容易出现计算错误的情况。在价税分离以后，可以保证计税结果的精确性。

6.2.2 水电相关的税收优惠政策

国家为照顾部分地区水电开发和重点水电企业成长，出台了一些税收优惠政策，它主要有三个方面。

6.2.2.1 增值税优惠

为支持水电行业发展，统一和规范大型水电企业增值税政策，我国采取了个案处理的办法降低其增值税税负[198-201]。2014年2月12日发布的《财政部 国家税务总局关于大型水电企业增值税政策的通知》（财税〔2014〕10号）规定：装机容量超过100万kW的水力发电站（含抽水蓄能电站）销售自产电力产品，自2013年1月1日—2015年12月31日，对其增值税实际税负超过8%的部分实行即征即退政策；自2016年1月1日—2017年12月31日，对其增值税实际税负超过12%的部分实行即征即退政策。比如，为扶持小水电的发展，对小水电实行了税率为6%的增值税优惠政策。

（1）《财政部 国家税务总局关于三峡电站电力产品增值税政策问题的通知》（财税〔2002〕24号）规定：三峡电站自发电之日起，其对外销售的电力产品按照增值税的适用税率征收增值税，电力产品的增值税税收负担超过8%的部分实行增值税即征即退的政策。根据国家最新的政策通知，三峡工程将继续享受增值税税率为8%的优惠政策。

（2）《财政部 国家税务总局关于二滩电站及送出工程增值税政策问题的通知》（财税〔2002〕206号）规定：二滩水电项目在竣工投产后前5年（1998—2003年）内实行增值税先征后返的优惠政策。2003年1月1日—2007年12月31日期间，对二滩电站生产销售电力产品缴纳的增值税税负超过8%的部分实行先征后返。将返还的税款按照58：42的比例分别作为中央和地方的资本金投入，其中中央投入的资本金部分[202-204]再按照国家开发投资公司和四川省电力公司在二滩电站中的股份比例分别增加各自的资本金。对四川省电力公司通过二滩电站送出工程销售的二滩电站电力产品缴纳的增值税税负超过8%的部分实行先征后返。返还的税款作为国家对企业追加的资本金。要分别核算二滩电站送出工程销售二滩电站电力产品和其他电力产品的销售额和增值税应纳税额，不能分别核算的增值税应纳税额，不得享受增值税先征后返政策。

（3）对符合《当前国家重点鼓励发展的产业、产品和技术目录》的国内投资项目，在投资总额内进口的自用设备,除《国内投资项目不予免税的进口商品目录》所列商品外,免征关税和进口环节增值税。对符合上述两条规定的项目,按照同随设备进口的技术及配套件、备件也免征关税和进口环节增值税。在上述规范围之外的进口设备减免税,由国务院决定。

6.2.2.2 所得税优惠

(1)我国水电项目的所得税税率一般为25%。根据西部大开发税收优惠政策的规定,对西部地区的水电企业按15%的税率征收企业所得税,在西部地区新办的水电企业自开始生产经营之日起,第一年至第二年免征企业所得税,第三年至第五年减半征收企业所得税。国务院实施西部大开发的有关文件规定,西部地区为重庆、四川、贵州、云南、西藏、陕西、甘肃、宁夏、青海、新疆、内蒙古和广西12个省(自治区、直辖市),而这12个省(自治区、直辖市)水力资源可开发量占全国的75%以上,开发的前景十分广阔。目前实施的西部大开发税收优惠政策对水电企业的开发具有较大的推动作用。

(2)对外商在海南经济特区、上海浦东新区、其他沿海经济开放区和经济特区投资兴办的水电站等能源产业给予一定期限减免税优惠。

(3)《关于中国长江电力股份有限公司企业所得税处理问题的通知》(财企〔2003〕260号)中规定:2009年三峡电站全部投产前,长江电力上缴中央财政的企业所得税全额返还中国长江三峡工程开发总公司(以下简称"三峡总公司"),作为三峡工程建设基金,一部分用于三峡工程建设,一部分用于防洪、航运等非经营性资产的运行维护和保值费用支出。其中用于三峡工程建设支出部分作增加三峡总公司国家资本金处理,用于防洪、航运等非经营性资产的运行维护和保值费用支出部分作核销处理。

6.2.2.3 土地使用税优惠

对水电站的发电厂房(包括坝内、坝外式厂房)用地,生产、办公、生活用地,照章征收土地使用税;对其他用地给予免税照顾。

6.2.3 水电相关的税费差异问题

6.2.3.1 不同类型能源发电税费差异

当前我国电力生产业增值税平均税负为6.44%,其税负比其他行业都高。大中型水电行业的平均税负(16.57%)高于电力生产企业平均税负10.13个百分点;与其他能源行业相比,煤炭采选业、石油和天然气开采业的增值税税负分别为6.71%、8.29%,水电行业分别比其高出9.86个和8.28个百分点[205-210]。

国家为支持可再生能源开发项目建设,采取了个案处理的方法使税负处于适当水平,比如为鼓励风力发电和太阳能光伏发电实行按增值税应纳税额减半征收的优惠政策,风电和光电实际征收率为8%左右;另外,风电、生物质发电、光电和核电均可享受企业所得税"三免三减半"的优惠政策,而只有西部地区的水电企业可享受按15%的税率征收企业所得税[211-214]。相比之下,水电行业税费负担是可再生能源行业中最高的。

当前我国不同类型能源发电税费差异见表 6.3。

表 6.3 当前我国不同类型能源发电税费差异

能源类型	电价/[元/(kW·h)]	补贴/[元/(kW·h)]	增值税	所得税	备 注
火电	0.3～0.5	无	17%	25%	—
水电	0.2～0.4	无	17%（小水电 6%）	25%	★装机容量超过 100 万 kW 的水力发电站，2013 年 1 月 1 日—2015 年 12 月 31 日，其增值税实际税负超过 8%的部分即征即退。 ★2016 年 1 月 1 日—2017 年 12 月 31 日，其增值税实际税负超过 12%的部分即征即退。 ★西部地区的水电企业减按 15%的税率征收企业所得税
风电	0.51～0.61	无	8%	三免三减半	销售利用风力生产的电力实现的增值税，实行即征即退 50%的政策
生物质	0.5～0.6	0.10	无，即征即退	三免三减半	利用生物质资源生产的电力，在自产销售环节实行增值税即征即退 100%的政策
光电	0.8～1.1	无	8%	三免三减半	自 2013 年 10 月 1 日至 2015 年 12 月 31 日，对纳税人销售自产的利用太阳能生产的电力产品，实行增值税即征即退 50%的政策
核电	0.43	无	先征后返	三免三减半	核力发电企业生产销售电力产品，15 年内按一定比例返还已入库增值税

6.2.3.2 水电与火电的实际税负差异

由表 6.3 可以看出，虽然目前国家规定水电、火电企业增值税税率均为 17%（小水电为 6%），但火力和水力发电企业的实际增值税税负存在很大的差异。

火电行业的成本集中在运行期，由于其成本构成中的主要燃煤、燃油及其他原材料已征增值税可以抵扣，且此部分成本在火电成本中所占比例为 60%以上，所以通过进项税抵扣，实际增值税税负水平为 6%～10%，同时火电不涉及水电需要缴纳的库区基金等比重较大的税费[215-218]。

水电企业由于行业特殊性，其成本集中在建设期，同时也集中于建筑安装工程上，除少部分设备或材料购进之外，目前都无法进行增值税的进项抵扣；运行期需要购进的原材料仅为修理性支出及日常消耗性支出部分，占成本比例仅为 1%～3%。在目前的税费体制下，由于几乎没有进项税抵扣，实际水电增值税负担率接近 17%。加上其他的税费及附加，水电站运行期的税费占销售收入比例就更大了。这造成了水电企业实际税负比火电高很多。

6.3　水电电价政策研究

6.3.1　中国水电价格的形成机制

上网电价是电力生产企业向电网经营企业供应电能的结算价格。目前，我国现行上网电价确定原则仍采用政府定价原则。政府按合理补偿成本、合理确定收益、依法计入税金、坚持公平负担的原则确定上网电价。上网电价由政府核定、审批，一般与上网电量相匹配[219-224]。从实际执行来看，不同的电厂投产于不同的历史时期，执行不同的电价测算政策，确定上网电价的方法也不相同。我国上网电价的确定主要有三种方法。

6.3.1.1　一部制电价模式

一部制电价模式通常也称作还本付息定价模式，即"一厂一价，还本付息"。我国在 20 世纪 80—90 年代以集资、网省电力公司自有资金和国家贷款等形式新建的电厂大部分实行了还本付息定价模式。

6.3.1.2　两部制上网电价

两部制上网电价即将上网电价分成容量电价和电量电价两部分。容量电价是对电厂提供的上网容量计价付费的依据，而与电厂实际发电量无关；电量电价是对实际上网电量计价付费的依据。这种模式在国际电力市场上被广泛采用[225-227]，也是在我国竞价上网试点阶段和目前电价改革方案中主要推荐的一种模式。

6.3.1.3　标杆电价

标杆电价即按照社会平均成本，依据经营期上网电价测算方法，分别确定各省新投产机组的上网电价。由于水电行业投资差异过大的特殊性，而标杆电价核定过于简单，形成一刀切的局面[228-231]，缺乏一定的科学性，部分省份取消了标杆电价定价政策。目前只有少数省份在执行标杆电价政策。

6.3.2　中国现行的水电电价政策

在我国的电力市场中，不同地区根据不同的供电用电要求以及受其他因素影响而采取了不同的上网电价政策。

6.3.2.1　两部制上网电价、全电量竞争转型政策

我国东北区域电力市场由单一过渡电价、有限电量竞争转入两部制上网电价、全电量竞争，并实现年度和月度两种报价方式。资料显示，2002 年辽宁省小水电的上网电价为 0.263元/(kW·h)（含税）。2011 年，辽宁省发展改革委为适当疏导电价矛盾，保障电力供应，支持可再生能源发展，促进节能减排，经商国家电监会、国家能源局，决定适当调整省内电价水平，如将中朝界河电厂销售给东北电网各省（自治区）的电价提高了 0.005 元/(kW·h)。

6.3.2.2　统一领导、分级管理政策

我国西南地区水电上网电价实行统一领导、分级管理的原则，即并入省级及以上电网的机组上网电价由国家发展改革委制定和管理；省级以下电网的机组上网电价由省物价局管理。以四川省为例，四川省电力公司 2006 年在《转发国家发展改革委关于调整华中电网

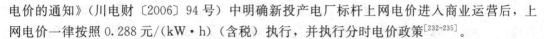

电价的通知》(川电财〔2006〕94号)中明确新投产电厂标杆上网电价进入商业运营后，上网电价一律按照0.288元/(kW·h)(含税)执行，并执行分时电价政策[232-235]。

6.3.2.3 峰谷分时电价政策

我国东南地区推行峰谷分时电价政策的电力需求侧管理。实施此政策具有促进削峰填谷、提高电厂和电网的负荷率、减轻用户电费负担、提高电能市场占有率等优点。以福建省为例，2007—2009年，装机容量在0.1万～0.5万kW以下且调节性能居中的水电站，其一般纳税人含税上网电价从0.344元/(kW·h)调整至0.366元/(kW·h)。

6.3.3 中国水电电价存在的主要问题

由于现行上网电价是处在原有非市场电价机制与后来市场电价机制并存、但以前者为主的改革初期，所以原有电价机制存在的问题在新条件下充分暴露，新老电价机制混合的缺陷也就更为明显和突出。

6.3.3.1 上网电价结构未理顺

现有电价机制主要还是还本付息单一电价机制。由于没有按质定价，峰谷、丰枯的上网电价一样，不同类型的电厂(峰荷、腰荷、基荷电厂)电价也无区别，缺乏竞争机制。担负调峰和备用容量的电厂给系统带来很大经济效益，但却因发电量较少得到的回报偏低，降低了经济效益和竞争能力，不能体现优质优价原则[236-238]。由于电厂的效益与发电量捆在一起，发电量越多，电厂的效益就越大，使得每个电厂都愿意全天满负荷运行，不愿承担调峰任务，造成系统运行低谷周波上升、峰荷电力不足，安全和可靠性受到不利影响，不利于系统调峰运行。投资者不愿向有调峰能力的水电厂、抽水蓄能电厂、燃汽轮机机组等具有系统效益的电站投资，热衷发展小火电，造成电源结构配置不合理，不利于优化电源结构。

6.3.3.2 电价水平不合理

作为现有电价机制主体的还本付息电价机制，其实质是属于成本推动型的价格机制。由于与之配套的管理方式与市场不协调，政府计划痕迹明显，价格管制部门权限和责任都过大。如果社会监督、纠正机制不力，电价往往容易失控。作为一种以个别成本为基础，成本没有约束，市场没有竞争，价格没有控制，实行"一厂一价"的电价模式，其最大弊端在于利润先保、成本全包、价格无控。在这种电价机制下，投资者可以获得可靠而稳定的回报率，不存在投资风险。在电价失控条件下，无论技术多么落后，条件多么恶劣，都可以上项目，都有利可图。只要上项目，就可以稳赚不赔，没有任何风险，客观上鼓励了盲目投资、重复建设，造成投资膨胀。这种电价机制下形成的电价水平不能反映社会或市场的平均价格水平及风险程度，也不能有效体现供求关系[239-242]。

6.3.3.3 不能有效体现供求关系和资源价值

长期维持现行水电上网电价不能有效体现供求关系和资源价值，不利于水电发展。电力工业具有自然垄断性，政府定价有利于国家宏观调控，保持物价稳定，避免电力企业获得超额利润。现行的定价机制是政府根据社会平均成本核定某一区域内的标杆电价，对区域内新投产电源项目统一上网电价。政府在制定电价时以成本为基础，较少考虑市场供求状况，不利于充分发挥市场机制作用，也不利于水电作用的充分发挥及价值体现[243-246]。

如果政府制定的某类电力产品价格较高，就会导致过多的投资者将资金转移到该产业，造成发电企业过多，资源浪费，设备闲置率高。如果制定的水电价格过低，没有达到市场均衡价格，就会导致水电投资额下降，难以实现我国能源结构向清洁和可再生化调整，不能达到大规模节能减排的目的，甚至产生电力短缺现象。

6.3.3.4　定价准则未能反映水电特点

与还本付息电价和经营期平均电价相比，目前部分省份采用的标杆电价对控制电源建设投资、控制电价总水平起到了积极的作用，但也存在一些问题。特别是水电，由于其建设条件的特殊性，即使在同一地区，不同水电站间资源建设条件差异较大，开发方式、水库调节能力、地形地质条件、水库淹没等都会影响电站的经济指标，用一个长期不变的标杆电价去衡量区域内所有的水电站具有很大的难度，对开发商而言也有失公平，也不利于水力资源的合理利用[247-250]。

以二滩水电站为例，国家批复的上网电价为 0.278 元/(kW·h)，根据四川省峰谷、丰枯电价规定，二滩水电站按上网电量实际得到的收入约 0.22 元/(kW·h)，低于批复的电价水平。造成这个问题的主要原因是虽然二滩具有较好的调节能力，但基于水电的特点，其丰水期电量较大，按现行四川省峰谷和丰枯电价政策，汛期电价下浮对销售收入影响较大，枯水期电价上浮增加的收入不足于以弥补汛期电价下浮减少的销售收入。

6.3.3.5　电价机制缺乏成本约束造成工电价攀升

还本付息电价政策的实施会造成电力工程造价飞涨，主要表现在两个方面：一方面还本付息电价机制下，电站建设成本与运行成本不论有多高都可以通过上网电价的相应调整保证收回，因而造成电厂成本约束软化；另一方面，在我国建厂和定价的顺序上，也纵容了工程造价的膨胀。

在西方发达经济国家，新建电厂可行性分析的一个核心是预测运营后的电价能否为消费者所接受，所以项目批准的前提是政府与电力企业在未来电价上达成一致，即先定价、后建厂[251]。但我国的电力项目建设恰恰相反，即先建厂、后定价，从而导致电力工程项目建设成本缺乏约束。由于新建电厂都根据自己的贷款条件确定上网电价，对贷款规模无最高限制，缺乏约束机制，使投资者放松对工程造价的控制，把主要精力放在争取调整概算、决算和上网电价上，将所有工程成本挤入电价中，最终使电价攀升。

6.3.3.6　现行电价制度存在价格歧视

现行电价制度存在的价格歧视致使电力企业之间难以开展公平竞争。电力产品作为特殊商品，其价格形成依赖于电力生产时间和用户的用电特性，应按产供销反映的生产成本和供求关系确定价格。现行电价机制导致"一厂一价"，上网电价以每个企业的实际生产成本、还本付息、利润加总为基础确定。不同企业的投资、经营成本不同，其上网电价也表现各异。如不同投资主体或所有权结构的电厂，平均上网电价差别较大。这种未能反映产品价值而确立的差别歧视价格，将会使低电价企业丧失自我积累的能力，挫伤其投资电力的积极性[252-256]。随着一些电力企业还本付息年限的接近，歧视电价将使它们很难开展公平竞争，高电价企业具备明显的竞争优势。

6.3.3.7　网内网外两种价格不利于实现资源优化配置

历史上电力都是发电、输电、配电一体，实行垄断经营。实行社会多渠道集资办电以后，新建电厂实行两种价格机制：由社会多渠道集资建设的电厂，在电网外独立核算，与电网签订购电合同，按照批准的上网电价和实际上网电量与电网结算；由各省电力局投资建设的电厂，或由省电力局管理的电厂，均由电力局统一在电网上加价还贷，没有实行单独核算，也没有实行单独定价。同时还有在实行还本付息政策以前由国家无偿投资建设的老电厂，造价很低，没有还贷的压力，因此发电成本很低。在这种情况下，电力局为了实现自身利益的最大化，不可能实现公平调度和资源的优化配置。

6.4　中国可持续水电配套激励政策研究

本章系统研究了国内外可再生能源相关政策以及我国水电行业现行基本政策，并将水电与其他能源类型的激励政策进行了对比研究。可以看出，水电行业与其他能源类型发电税费存在明显的差异，税负水平相对较高；水电电价的形成机制和电价政策有待进一步改革，电价结构未理顺、电价水平不合理；另外在水电行业的财政补贴、市场准入等方面还存在一定的政策缺失[257]，不仅不能体现新一轮电力体制改革大背景下国家鼓励优先清洁能源发电和上网的目标，以及坚持低碳、绿色、高效、可持续发展的方针，同时也严重制约了水电企业依靠自身积累实现可持续发展的能力，制约了我国水电的快速发展步伐。

我们也必须认识到，世界上没有任何一种能源是十全十美的，没有一种能源形式天然就是绿色的，并不是所有水电都是可持续的水电。水电的可持续发展水平取决于一个国家的发展水平阶段，水电可持续性的标准没有最好，只有更好[258-260]。本书基于 IHA《水电可持续性评估规范》总体框架和技术标准，结合中国电力体制改革大背景和中国水电开发的特色，尝试性地提出中国可持续水电配套激励政策。

6.4.1　可持续水电税收优惠政策

6.4.1.1　调整增值税税率

自 2001 年 1 月 1 日起，利用煤矸石、煤泥、油母页岩生产的电力可享受按增值税应纳税额减半纳税的政策。另外，为鼓励风力发电产业的发展，国家日前已出台了对风力发电实行按增值税应纳税额减半征收的优惠政策。风力发电的成本主要是固定资产投资，占总投资的 85% 以上。水电和风电一样是清洁能源，也是国家重点支持发展的可再生能源；水电行业同样主要是固定资产投资，也存在与风力发电类似的增值税抵扣不足情况。建议参考风电增值税政策，对那些可持续的、绿色的水电采取类似的税收优惠。

水电站生产期运行成本低，抵扣少，而水电工程固定资产投资较大，但其建筑材料和设备的进项税额却不能抵扣。目前火电抵扣后实际税负约为 8%，参照国外固定资产投资进项税额可以抵扣的政策，中国水电的实际增值税率有约 4% 的下降空间，建议对符合可持续标准的优质水电实行固定资产中进项税额的抵扣，常规大中型水电增值税率由 17% 降到 13%。可以采取直接减征，或先征后返，用于还贷和开发新的水电站。

6.4.1.2　灵活征收所得税

为增强水电滚动开发的能力，持续发展水电，开发洁净能源，参考国外的政策和国内部分水电实行的政策，对优质的水电建设项目的所得税可以实行"先征后返"的政策，用于开发新的水电项目，以保障水电事业的持续发展。

另外，还可以参照"老、少、边、穷"地区的水电项目税收优惠政策，如根据《中华人民共和国企业所得税暂行条例》第八条，在少数民族地区、边远地区和贫困地区新办的企业，按规定可享有税收优惠政策，经主管税务机关批准后，可减免3年的所得税。我国的大中型水电站不少分布在贫困、边远和少数民族地区，目前我国已对西部地区的水电企业实行按15%的税率征收所得税的优惠政策。建议对一些贫困、边远和少数民族地区优质水电项目的所得税减免提出明确规定。例如可参考其他可再生能源所得税优惠政策以及西部地区水电政策，对某些特殊地区水电企业自开始生产经营之日起，第一年至第二年免征企业所得税，第三年至第五年减半征收企业所得税。

6.4.1.3　减免不合理税费

与其他能源类型相比，水电涉及的税费种类繁多，建议根据水电工程实际情况，对水电投资中的不合理税费进行合理的优化和调整，并针对优质水电企业给予一定程度的减免。

如矿产资源税和矿产资补偿费、耕地占用税和森林植被恢复费、耕地开垦费和土地管理费等，免交各种摊派的费用和重复征收的不合理税费。统计显示，根据对常规水电建设项目的粗略估算，剔除不合理税费，投资成本可降低0.72%～3.27%，这对减轻水电行业的负担，提高市场竞争力十分有利。

（1）耕地占用税和森林植被恢复费等应予减免。建议水电在建工程耕地占用税只征收约1/3，或参照三峡水电站征收40%的政策，或其他减免，或用水库移民开垦的土地充抵部分占用耕地后再交耕地占税。水电工程按国家规定交纳耕地占用税，是按被征用耕地的面积计算的，但应考虑用地特点，计算过程中应从征地面积中冲减用于水库移民安置的新开垦耕地面积。

另外，库区正常水位以下的淹没土地及临时淹没土地的耕地占用税和森林植被恢复费应予减征，因为修建水电站淹没了部分土地，但却增加了水域养殖面积，而水电站淹没的大部分土地是较脊的土地、荒山和杂草山，水产业的产值高于种植业产值，因此应折减需补偿的土地面积，降低补偿标准。

建设场地的森林植被恢复费应予免征，因为建设场地绿化增加了原有的森林覆盖率，从一定程度上给予了补偿。水库淹没区及主体工程区占用的荒山荒坡等未利用的其他土地应免征土地补偿费和安置补助费。

（2）减免耕地开垦费和土地管理费。

（3）考虑到水电建设当地建筑材料为自采自用，不属于营业性质，应减免矿产资源税和矿产资源补偿费。

6.4.2　可持续水电电价激励政策

6.4.2.1　同网同价

水电上网电价的制定要以各电网满足边际电力需求所耗费的社会必要成本为基础，以合理的火电、水电、核电、风电比价为依据，确定统一的水电上网电价标准。统一上网电价标准的构成应包括合理成本、还本付息、对投资者的合理回报等因素。

目前水电的上网电价执行"一户一价"的政策，远低于火电等其他能源类型发电的上网价格；同时根据投产年限将电站区分为新、老电站，分别计价，但新老电站所发的电与火电站和水电站所发的电实际上没有本质区别，人为地造成了"同网不同价"的现象。上网电价差异过大，难以形成公平竞争，没有体现国家发展清洁能源的要求。为更好地保持水电的可持续发展，建议对优质水电同火电一样实行"同网同价"。对于水电价格上涨后的额外收益，应投入到电站所在地区的经济发展和对移民的经济补偿中去，实现利益共赢的良性循环。

6.4.2.2 实行峰谷、丰枯电价

单一的以电量计费的电价制度不能合理地体现水电具有的调节性能的效益，特别是专门承担电网特殊任务的水电站的效益更难以得到补偿。我们不能要求水电承担调峰、调频任务，而同时却不承认其优质优价。这在龙头水电站和抽水蓄能电站中表现尤为明显。水电对电网和社会的作用主要是调峰、调频、调相和紧急事故备用，然而按目前的计价方式无法体现[261]。

有些省电力公司已开始执行峰谷、丰枯分时电价、抽水蓄能电站的租赁制和两部制上网电价（容量电价＋电量电价）等方法。这些都是行之有效的办法，在一定程度上刺激了投资方建设龙头水库和抽水蓄能电站的积极性。建议目前扩大峰谷电价、丰枯电价实行范围，对优质水电体现的综合效益给予一定的价格补偿，在计价方式上充分肯定和体现其优质优价，以有利于对资源的有效利用和对能源的节约，有利于水电市场的良性开拓，增加水电开发收益。

6.4.2.3 实行两部制上网电价

随着电力市场的改革和逐步完善，应研究发电端电力市场的完全两部制上网电价结构。需要针对水电的各种效益，制定完整的水电两部制上网电价体系，以真实反映水电的市场竞争力。应在两部制上网电价结构中按水电站水库的调节能力分类计量容量电价，按机组动态效益的大小，增加辅助电价项，并按一定的制度计入上网电价收取，应深入研究水电开发的直接综合效益和间接公益效益，实现定量化、规范化计量和补偿制。水电两部制上网电价可充分反映水电开发、运行的特点，可促进电力结构和资源优化配置，发挥水电的容量效益优势，提高水电上网的竞争力。

6.4.2.4 绿色电价补贴

鼓励对优质绿色的水电实行优先上网，建议根据水电可持续认证等级给予不同程度的上网电价补贴，由政府提出可持续水电的价格，由消费者自愿认购。通过鼓励用户自愿支付额外费用来购买绿色电力，从而在一定程度上补偿可持续水电的高成本投入[262]。建议实行相应的配套措施来对用户的自愿购买行为进行认证，并保证额外支付的费用被用于提高水电的可持续发展水平。这种机制通过用户选择来增加对水电发展的投入，吸引有责任感的用户自愿分担部分发展可持续水电的成本。

水电绿色电价补贴制度以对发电企业的电价激励和大众的自愿购买为基础，依赖于公民的文化素质和环保意识，其实施效果取决于电力用户对绿色能源发电的认同程度。同时，随着我国生活水平的提高，公民环保意识的提高，企业履行社会责任意识的提高，可以参考荷兰等国，供用户选择绿色电价机制，通过这一举措，一方面提高公民环保意识，另一方面促进水电的可持续发展。

6.4.3 可持续水电财政补贴政策

6.4.3.1 信贷（贷款期限）

水电站在贷款政策上应与火电有所区别。水电建设的主要特点是一次投资较大、工期较长，但电站建成后，直接运行成本低、运行年限长、在电网中的长期效益好。目前关键

的困难是我国规定的贷款偿还期过短，水电建设同其他行业没有区别，造成新建的水电站在还贷期还贷负担太重，这是影响水电市场竞争力的关键因素之一。另外，水电收益比较稳定，相对于其他行业和火电，风险较小，适当降低资本金是合适的。

在水电发展比较快的一些国家，水电贷款期限一般为 20～30 年，有的国家水电贷款期限达到 50 年。因此，建议国家根据水电站投资较大、工期较长，但后期运行成本低、效益好的特点，参照国际上水电建设贷款的惯例，延长优质水电的贷款期限，或者允许企业采取措施延长水电贷款期限。通常大中型水电站的建设期为 5～10 年，甚至更长，运行时间为 50～100 年。将大型水电项目的还贷期延长至 30 年，其他水电的贷款期限延长到 20～25 年，并适当降低资本金比例是完全合理的。近两年，由于优良贷款项目不多，有的银行看好水电的长期效益，实际上已经对一些优质的可持续的水电项目延长了还贷时间。这样不仅可以使水电有很好的清偿能力，还使其具备较强的市场竞争力和财务生存能力，有利于水电的良性发展。

6.4.3.2　财政拨款

水电工程和水利工程一样，都属于国民经济的基础设施和基础产业，是一种造福人类、社会效益良好的公益性项目，其开发利用一直受到国家的重视和支持。大多数水电站具有较多的综合利用功能和效益，虽其开发任务以发电为主，但建设后同样可以达到水资源多目标开发的目的，且大多数水电站都建设在经济欠发达的边远落后地区，其开发建设可以带动地区相关产业的发展，振兴地区经济。

针对水电工程项目所体现出的综合利用功能，建议水电工程的资金筹措应结合水电工程承担的防洪、灌溉、供水、航运等综合利用任务，对能起到和水利工程功能作用相同的综合利用部分采取同一产业政策，参照水利产业政策中"甲类项目的建设资金，主要从中央和地方预算内资金、水利建设基金及其他可用于水利建设的财政性资金中安排"等有关规定，体现政府行为，对优质水电加大财政资金的投入力度，出台水电工程资金筹措的相关政策，给具有良好经济效益、社会效益和环境效益的水电工程予以一定额度的国家拨款，以期促进水电事业的可持续发展。

6.4.3.3　贴息

贴息是国家财政部或地方财政部门根据国家产业政策及国务院有关决定对国家鼓励发展的产业、地区及企业采取的一种财政性资金补贴方式。水电是一种清洁、可再生的能源，水电开发具有较好的社会效益和综合利用效益，是一种可持续发展的能源，属于国家鼓励发展的重要产业之一，应当考虑可以享受财政贴息这种优惠政策。建议今后在综合利用功能较强或者符合可持续评估标准的水电工程项目建设中，国家可以给予贴息 1～2 个百分点的优惠政策，以期降低实际贷款利率，增强水电的生存能力和市场竞争力。

6.4.3.4　投融资

项目融资是国际上所采用的为某些大型工程项目筹措中长期资金的一种重要方式，亦是一种良好的避险筹资方式。目前，国外冶金、电力、机械等行业中投资多、借款期长的项目大多采用这种方式；在我国，项目融资将成为电力企业吸引利用外资的一种有效方式。在国际上，项目融资的方式有很多，但在我国比较成熟的方式并不多。

根据水电建设项目的特点，尤其是大型和特大型工程，应该考虑采取项目融资的方式进行资金筹措，这不但有利于筹集资金，对项目风险的共担和分解也起到了良好的作用[263]。例如水电项目可以积极推行银团贷款，要利用国家开发银行和其他商业银行的优势，按照中国人民银行《银团贷款管理暂行办法》的精神，积极探讨和推广银团联合贷款的办法，确保资金及时到位，分散和化解项目风险。

6.4.4 可持续水电激励政策体系设计

基于 IHA《水电可持续性评估规范》提出的常规水电工程（具有全球适用性）可持续性评估框架和技术标准，结合中国电力体制改革大背景和中国水电开发的特色，通过制定激励和配套政策，鼓励水电企业通过可持续性认证找出水电项目存在的差距，通过增加投入或采取持续有效措施解决好移民和生态方面的问题，满足更高的标准要求（可持续水电、低影响水电），获得电价、税收、财政等方面的配套激励政策，使中国水电项目的建设和运行管理达到或超过国际先进水平。本书初步建议提出"规划、准备、实施、运行"各阶段的激励和配套措施。

6.4.4.1 规划阶段

5 分（最佳实践）：项目可持续性优秀，满足开展项目规划工作的条件，建议最优先审批项目。

4 分（良好实践）：项目可持续性良好，满足开展项目规划工作的条件，建议优先审批项目。

3 分（基本良好实践）：项目可持续性合格，满足开展项目规划工作的条件，可以审批项目。

2 分：不满足开展项目规划阶段工作的条件，规划整改后重新评估。

1 分：不满足开展项目规划阶段工作条件，重新开展规划工作。

6.4.4.2 准备阶段

1. 核准政策

5 分（最佳实践）：项目可持续性优秀，满足项目核准条件，建议最优先核准项目。

4 分（良好实践）：项目可持续性良好，满足项目核准条件，建议优先核准项目。

3 分（基本良好实践）：项目可持续性合格，满足项目核准条件，可以核准项目。

2 分：不满足项目核准和开工条件，设计整改后重新评估。

1 分：不满足项目核准和开工条件，重新开展设计工作。

2. 信贷政策

5 分（最佳实践）：批准项目 2％的贴息贷款，贷款期限延长至 30 年。

4 分（良好实践）：批准项目 1％的贴息贷款，贷款期限延长至 20～25 年。

3 分（基本良好实践）：不提供贴息贷款，贷款期限延长至 10～15 年。

2 分：不满足项目核准和开工条件，不予提供贷款。

1 分：不满足项目核准和开工条件，不予提供贷款。

6.4.4.3 实施阶段

1. 验收政策

5 分（最佳实践）：项目竣工验收可持续性优秀，满足投产运行条件，建议最优先验收项目。

4 分（良好实践）：项目竣工验收可持续性良好，满足投产运行条件，建议优先验收项目。

3 分（基本良好实践）：项目竣工验收可持续性合格，满足投产运行条件，可以验收项目。

2 分：不满足项目投产运行条件，施工整改后重新评估。

1 分：不满足项目投产运行条件，项目停建并拆除。

2. 信贷优惠政策

5 分（最佳实践）：批准项目 2％的贴息贷款，贷款期限延长至 30 年。

4 分（良好实践）：批准项目 1％的贴息贷款，贷款期限延长至 20～25 年。

3 分（基本良好实践）：不提供贴息贷款，贷款期限为 10～15 年。

2 分：不满足项目投产运行条件，不予提供贷款。

1 分：不满足项目投产运行条件，不予提供贷款。

3. 投资补贴政策

5 分（最佳实践）：提供项目 15％的投资补贴额度。

4 分（良好实践）：提供项目 10％的投资补贴额度。

3 分（基本良好实践）：不提供投资补贴。

2 分：不满足项目投产运行条件，不提供投资补贴。

1 分：不满足项目投产运行条件，不提供投资补贴。

6.4.4.4　运行阶段

1. 投资激励政策

（1）税收优惠。

5 分（最佳实践）：按 10％税率征收增值税；按 15％税率征收所得税。

4 分（良好实践）：按 13％税率征收增值税；按 20％税率征收所得税。

3 分（基本良好实践）：无增值税和所得税优惠，按常规水电 17％税率征收增值税，按按 25％税率征收所得税。

2 分：项目整改后重新评估，不提供任何税收优惠。

1 分：项目停止运行并拆除，不提供任何税收优惠。

（2）信贷优惠。

5 分（最佳实践）：批准项目 2％的贴息贷款，贷款期限延长至 30 年。

4 分（良好实践）：批准项目 1％的贴息贷款，贷款期限延长至 20～25 年。

3 分（基本良好实践）：不提供贴息贷款，贷款期限为 10～15 年。

2 分：项目整改后重新评估，不提供任何信贷优惠。

1 分：项目停止运行并拆除，不提供任何信贷优惠。

（3）投资补贴。

5 分（最佳实践）：提供项目 15％的投资补贴额度。

4 分（良好实践）：提供项目 10％的投资补贴额度。

3分（基本良好实践）：不提供投资补贴。

2分：项目整改后重新评估，不提供任何投资补贴。

1分：项目停止运行并拆除，不提供任何投资补贴。

2. 生产激励政策

（1）税收返还。

5分（最佳实践）：增值税实际税负超过8%的部分即征即退；所得税实行"三免三减半"政策。

4分（良好实践）：增值税实际税负超过12%的部分即征即退；所得税实行"三免"政策。

3分（基本良好实践）：无增值税返还；无所得税返还。

2分：项目整改后重新评估，无增值税返还；无所得税返还。

1分：项目停止运行并拆除，无增值税返还；无所得税返还。

（2）上网优惠。

5分（最佳实践）：建议优先上网。

4分（良好实践）：建议支持上网。

3分（基本良好实践）：不采取上网优惠政策。

2分：项目整改后重新评估，不准予上网。

1分：项目停止运行并拆除，不准予上网。

3. 价格激励政策（电价扶持）

5分（最佳实践）：予以0.1元/（kW·h）的电价补贴，增长幅度不超过10%。

4分（良好实践）：予以0.05元/（kW·h）的电价补贴，增长幅度不超过5%。

3分（基本良好实践）：不采取电价扶持政策。

2分：项目整改后重新评估，无电价补贴。

1分：项目停止运行并拆除，无电价补贴。

4. 市场激励政策（金融支持）

5分（最佳实践）：提供开展CDM机制交易的绿色通道。

4分（良好实践）：支持开展CDM交易。

3分（基本良好实践）：可以开展CDM交易。

2分：项目整改后重新评估，不准予开展CDM交易。

1分：项目停止运行并拆除，不准予开展CDM交易。

5. 用户激励政策（鼓励消费）

5分（最佳实践）：授予可持续水电标识，提供可持续水电购买认证。

4分（良好实践）：授予可持续水电标识，提供可持续水电购买认证。

3分（基本良好实践）：授予可持续水电标识，提供可持续水电购买认证。

2分：项目整改后重新评估，不授予优质水电标识和购买认证。

1分：项目停止运行并拆除，不授予优质水电标识和购买认证。

综上，中国可持续水电配套激励政策见表6.4。

表 6.4 中国可持续水电配套激励政策

评分标准	水电可持续性等级				备注
	<3分	3分	4分	5分	
认证等级	—	基本良好实践	良好实践	最佳实践	备注
政策类型	负向激励政策	不采取激励政策	正向激励政策	正向激励政策	
A. 规划阶段					
审批激励	不满足开展项目规划阶段工作的条件,规划整改或重新评估	项目可持续性合格,满足开展项目规划工作的条件,可以审批项目	项目持续性良好,满足开展项目规划工作的条件,建议优先审批项目	项目可持续性优秀,满足开展项目规划工作的条件,建议最优先审批项目	—
B. 准备阶段					
核准激励	不满足项目核准和开工条件,设计整改或重新评估	项目可持续性合格,满足项目核准条件,可以核准项目	项目可持续性良好,满足项目核准条件,建议项目优先核准	项目可持续性优秀,满足项目核准条件,建议项目最优先核准	—
投资激励 信贷优惠	不予提供贷款	贷款期限 10~15 年	贷款期限延长至 20~25 年	贷款期限延长至 30 年	★参照水电工程建设周期及发达国家水电工程贷款期限
	不予提供贷款	不提供贴息贷款	给予 1% 利率的贴息贷款	给予 2% 利率的贴息贷款	—
C. 实施阶段					
验收激励	不满足项目投产运行条件,施工整改或停建拆除	项目竣工验收可持续性合格,满足投产运行条件,可以验收项目	项目竣工验收可持续性良好,满足投产运行条件,建议优先验收项目	项目竣工验收可持续性优秀,满足投产运行条件,建议最优先验收项目	—
投资激励 信贷优惠	不予提供贷款	贷款期限 10~15 年	贷款期限延长至 20~25 年	贷款期限延长至 30 年	★参照水电工程建设周期及发达国家水电工程贷款期限
	不予提供贷款	不提供贴息贷款	给予 1% 利率的贴息贷款	给予 2% 利率的贴息贷款	—
投资补贴	无补贴	无补贴	提供 10% 的投资补贴额度	提供 15% 的投资补贴额度	★参照发展中国家可再生能源投资补贴比例

评分标准	水电可持续性等级				备注
	<3分	3分	4分	5分	
认证等级	—	基本良好实践	良好实践	最佳实践	
政策类型	负向激励政策	不采取激励政策	正向激励政策	正向激励政策	

D. 运行阶段

		<3分	3分	4分	5分	备注
投资激励	税收优惠	项目整改或拆除，不提供任何税收优惠	按17%税率征收增值税	按13%税率征收增值税	按10%税率征收增值税	★根据水电实际税负和增值税下调空间计算
		项目整改或拆除，不提供任何税收优惠	按25%税率征收所得税	按20%税率征收所得税	按15%税率征收所得税	★参照西部地区的水电企业所得税减免政策
	信贷优惠	项目整改或拆除，不提供任何信贷优惠	贷款期限10～15年	贷款期限延长至20～25年	贷款期限延长至30年	★参照水电工程建设周期及发达国家水电工程贷款期限
		项目整改或拆除，不提供任何信贷优惠	不提供贴息贷款	给予1%利率的贴息贷款	给予2%利率的贴息贷款	—
	投资补贴	项目整改或拆除，不提供任何投资补贴	无补贴	提供10%的投资补贴额度	提供15%的投资补贴额度	★参照发展中国家可再生能源投资补贴比例
生产激励	税收返还	项目整改或拆除，无增值税返还	无增值税返还	其增值税实际税负超过12%的部分即征即退	增值税实际税负超过8%的部分即征即退	★参照我国最新大中型水电工程增值税政策
		项目整改或拆除，无所得税返还	无所得税返还	"三免"政策	"三免三减半"政策	★参照我国其他可再生能源发电所得税返还政策
	上网优惠	项目整改或拆除，不准予上网	不采取上网优先政策	支持优先上网	建议优先上网	—
价格激励	电价扶持	项目整改或拆除，无电价补贴	无电价补贴	0.05元/kW·h的电价补贴	0.1元/kW·h的电价补贴	★参照我国其他可再生能源（风能、生物质）电价补贴政策
市场激励	金融支持	项目整改或拆除，不准予开展CDM交易	可以开展CDM交易	支持开展CDM交易	提供开展CDM机制交易的绿色通道	—
用户激励	鼓励消费	项目整改或拆除，不授予优质水电标识和购买认证	授予可持续水电标识，提供可持续水电购买认证	授予可持续水电标识，提供可持续水电购买认证	授予可持续水电标识，提供可持续水电购买认证	★参照荷兰、德国的绿色电价认证制度

第7章 结论与展望

··

7.1 新一轮电力体制改革解读

本书从改革的目标和难点，改革的总体思路、核心任务、配套措施等方面，对我国的新一轮电力体制改革进行了深入剖析。"三放开、一独立、三强化"的改革"路线图"要通过电力体制改革实现：一是还原电力商品属性，构建有效竞争的电力市场体系；二是放开发电、售电等竞争性环节，引入竞争机制，提高电力市场整体效率；三是通过优先购电权和发电权的设计，鼓励清洁能源的发电和上网，推进节能减排。

本书围绕电力体制改革的总体思路，从输配电价、交易机构、发用电计划、售电侧、电网接入、监督管理等重点方面，对近期推进电力体制改革的核心任务和配套政策进行了归纳和解读，覆盖了电力生产、传输、供应的全过程。

7.2 中国可持续水电认证构想

现有电力体制改革要求放开两头、稳住中间，鼓励清洁能源的发电和上网，推进节能减排。因此，以"绿色"和"低碳"为抓手，制定和完善顺应我国电力体制改革大背景的水电绿色低碳标准，充分发挥水电的清洁能源优势，是实现我国水电可持续发展的迫切需求，也是当前环境下我国水电发展的新机遇。

本书系统梳理了当今国内外已开展的绿色水电认证和水电可持续性评价等工作（瑞士绿色水电认证、美国低影响水电认证、IHA水电可持续性评估和我国的绿色小水电评价），并将具有代表性的国际水电评价标准与我国水电开发环境、经济和社会方面的法规、政策和标准进行对比分析，明确了我国水电开发管理进一步完善和提高的方向。

在中国需要选择信用度高的第三方机构来建立与执行可持续水电认证。认证机构贯穿着整个可持续水电认证工作：从绿色标准体系的建立与认证流程的拟定，到认证实施时的评估、审查及认证后的监督。开展水电项目的可持续性认证能客观认识水电的有利影响和不利影响，引导水电开发企业客观看待水电开发和电站运行过程中存在的问题，并采取恰当措施减免水电项目的不利影响。

7.3　国内外可再生能源激励政策对比

由于可再生能源成本普遍偏高，市场竞争力相对较弱，所以发达国家与发展中国家都借助于一系列的优惠政策措施激励可再生能源的发展，主要包括国家目标导向政策、财政补贴政策（信贷扶持、投资补贴、用户补贴、产品补贴等）、价格激励政策（固定价格、市场价格、最低保障价格）、税收优惠政策、研发鼓励政策以及法律法规保障。如德国的固定电价制度、英国的配额/招标系统、澳大利亚的配额制、美国的补贴加配额制、荷兰的绿色电价制度等。

本书还进一步对中国不同类型可再生能源激励政策及其在我国的适应性进行了对比研究。21世纪初以来，我国日益重视可再生能源的开发和利用，制定了《可再生能源法》，并陆续出台了一系列促进可再生能源发展的扶持政策，使得政策目的由主要支持农村能源建设转向发展现代可再生能源产业，政策支持重点由分散、低端的能源利用转向并网发电和商品化清洁燃料，政策措施由零散支持政策转向日趋完整、统一的支持政策体系。目前，我国主要建立实施了如下几类扶持可再生能源产业发展的基本制度和经济激励政策，如可再生能源总量目标制度，可再生能源发电的强制上网制度、分类电价制度、费用分摊制度、专项资金制度、技术研发和产业化项目税收优惠、财政投资和补贴政策等。这些扶持政策主要应用在风电、光电、核电、生物质能和水电产业领域。

7.4　中国水电可持续发展配套政策

从目前我国能源特点来看，加快水电发展是优化能源结构、实现我国减排目标的必由之路。但是，由于水电政策未能与时俱进，严重制约了水电企业依靠自身积累实现可持续发展的能力，目前我国水电发展面临诸多困难。

本书从水电税收、电价和财政补贴三个方面对我国当前水电行业相关的配套政策进行了梳理和分析，可以看出水电行业与其他能源类型发电税费存在明显的差异，税负水平相对较高；水电电价的形成机制和电价政策有待进一步改革，电价结构未理顺，电价水平不合理，不能有效体现供求关系和资源价值；另外，在水电行业的财政补贴、市场准入等方面还存在一定的政策缺失。在此基础上围绕新一轮电力体制改革大背景下国家鼓励优先清洁能源发电和上网的目标，以及坚持低碳、绿色、高效、可持续发展的方针，进一步提出了我国水电税收优惠、电价激励和财政补贴的相关政策建议。

最后，本书在系统研究国内外可再生能源激励政策以及我国水电行业相关政策的基础上，结合IHA《水电可持续性评估》基本框架和技术标准，尝试性地提出我国水电可持续发展的配套激励政策，包括税收优惠、信贷优惠、投资补贴、税收返还、上网优先、电价扶持、金融支持以及用户激励等。

7.5　中国可再生能源激励政策展望

尽管现行经济激励政策对促进我国可再生能源产业的发展发挥了重要作用，但与可再生能源产业发展需求相比较，与国外可再生能源激励政策相比较，仍有待进一步完善。

7.5.1　完善中国可再生能源激励政策的重要意义

可再生能源是清洁可再生的能源，将在保障长期能源安全、减缓气候变化和保护自然环境方面发挥日益重要的作用。但是，我国可再生能源产业总体上仍处于初期发展阶段。经济激励政策对推动发展可再生能源产业发展具有重要意义。

（1）市场经济体制和能源市场环境决定了市场手段是推动发展可再生能源的根本途径。我国已基本建立了完整的市场经济体制，能源部门也基本实现了市场化。可再生能源产业的发展必须面向和立足于市场环境，可再生能源产业扶持政策也必须主要依靠作为市场手段的经济激励政策手段引导相关投资经营活动。

（2）可再生能源的"外部效益"特点需要经济激励政策的支持。发展可再生能源对保障能源安全、保护自然和生态环境具有重要意义。但在目前市场条件下，可再生能源的合理资源配置问题不能完全通过市场得以解决，需要政府干预，即制定经济激励政策来纠正"市场失灵"。

（3）可再生能源的特殊性需要经济激励政策的支持。与传统化石能源相比，可再生能源开发利用活动普遍初始投资大，生产成本较高，开发初期需要强有力的经济激励政策的扶持，从而能够与常规能源展开竞争，进而得以生存和发展。

7.5.2　中国现有可再生能源激励政策的问题与障碍

总的来看，可再生能源激励政策存在的问题和障碍如下：

（1）投资运营监管制度比较单一，偏重集中大型项目，也尚未形成以最终绩效为目标、可充分协调与常规能源系统之间利益的激励政策，因此还难以保障大规模高效利用可再生能源。

（2）尚未形成可切实支持学科和平台建设、基础研究、资源整合、深度协作的长效稳定财政投入机制，不能满足可再生能源自主技术研发工作的需求。

（3）现阶段的税收优惠偏重于增值税和所得税的税率优惠和税收减免等直接优惠，较少关注环境保护、技术研发、无形资产的投入，常规能源的资源环境税收偏低，增值税转型改革还不彻底，因而税收优惠政策仍未能为可再生能源提供充分支持和公平竞争环境。

（4）金融政策体系仍不能满足多样化可再生能源利用活动和投资经营主体的需求。

（5）现行费用分摊和财税政策未能有效维护和合理平衡地方利益。

7.5.3　完善中国可再生能源经济激励政策的机遇

近年来，我国大力建设资源节约型和环境友好型社会，大力推进自主技术创新，加快财税和金融体制改革，为完善可再生能源经济激励政策提供了重要政策机遇；资源性产品价格改革和环境税费改革将为可再生能源提高相对竞争力、实现公平竞争和健康发展创造有利条件；财税和金融制度改革将逐步推进全面增值税转型，落实新的《企业所得税法》，构建多样化融资政策，有利于构建具有竞争力的、自主的可再生能源产业；新一轮的电力套体制改革将致力于改善输配电价格机制、跨区电力市场体系、农村电力体制，将推动扩大可再生能源发电市场；空间清洁发展机制和国际碳市场将为可再生能源项目提供重要经济激励。

参 考 文 献

［1］ Liu G Z, Yu C W, Li X R, et al. Impacts of emission trading and renewable energy sup-port schemes on electricity market operation. IET Generation, Transmission & Distribu-tion ［J］. IET, 2011, 5 (6): 650 - 655.

［2］ 唐昭霞. 中国电力市场结构规制改革研究 ［D］. 成都: 西南财经大学, 2008.

［3］ 陈炜, 艾欣, 吴涛, 等. 光伏并网发电系统对电网的影响研究综述 ［J］. 电力自动化设备, 2013, 33 (2): 26 - 32.

［4］ International Hydropower Association. Hydropower sustainability guidelines ［R/OL］. (2020 - 05 - 01) ［2021 - 01 - 05］. https://static1. squarespace. com/static/5c1978d3ee1759dc44fbd8ba/t/5eb2c7bcf29b075ae3da4f24/1588774873692/Hydropower + Sustainability_Guidelines + - 05 -05 -20v2. pdf.

［5］ 冯永晟, 马源, 张昕竹. 配电网的规模经济: 一个理论与实证分析框架 ［J］. 数量经济技术经济研究, 2008, 25 (11): 115 - 126.

［6］ Fereidoon P S. Evolution of global electricity markets: new paradigms, new challenges, new approaches ［M］. Massachusetts: Academic Press, 2018: 199 - 224.

［7］ 王玉萍. 江苏省风电发展的容量分析及对策研究 ［D］. 南京: 南京师范大学, 2008.

［8］ Bratrich C, Truffer B. Green electricity certification for hydropower plants - concepts, proce-dures, criteria ［R］. Berlandstrasse: EAMAG, 2001.

［9］ Muñoz M, Oschmann V, David Tàbara J. Harmonization of renewable electricity feed - in laws in the European Union ［J］. Energy policy, 2007, 35 (5): 3104 - 3114.

［10］ 岑晓冬. 有关计及风险的供电公司最优购电决策模型研究 ［J］. 科技创新与生产力, 2011 (3): 77 - 80, 85.

［11］ Junginger M, Agterbosch S, Faaij A, et al. Renewable electricity in the Netherlands ［J］. En-ergy Policy, 2004, 32 (9): 1053 - 1073.

［12］ Dai T, Qiao W. Trading wind power in a competitive electricity market using stochastic programming and game theory ［J］. IEEE Transactions on Sustainable Energy, 2013, 4 (3): 805 - 815.

［13］ 周彦平, 李非. 我国电力市场输配分开的运作模式研究 ［J］. 消费导刊, 2008 (7): 4.

［14］ Wiser R, Namovicz C, Gielecki M, et al. Renewables Portfolio Standards: A Factual In-troduction to Experience from the United States ［J］. Lawrence Berkeley National Laborato-ry, April, 2007.

［15］ Francois L. France's new electricity act: a potential windfall profit for electricity suppliers and a potential incompatibility with the EU law original ［J］. The Electricity Journal, 2011,

24 (2)：55 – 62.

[16] Del Río P, Gual M A. An integrated assessment of the feed – in tariff system in Spain [J]. Energy Policy, 2007, 35 (2)：994 – 1012.

[17] Gao W, Madlener R, Zweifel P. Promoting renewable electricity generation in imperfect markets [J]. CEPE Working Paper Series, 2005, 45.

[18] Elizabeth B, Anne J. Renewable Energy Data Book [R]. Washington：U. S Department of Energy, 2008：1 – 120.

[19] 周彦平, 李非. 我国电力市场输配分开的运作模式研究 [J]. 消费导刊, 2008, 4：17 – 19.

[20] 邬雁忠. 丹麦可再生能源应用综述 [J]. 华东电力, 2008, 36 (8)：96 – 97.

[21] 洪峡. 美国可再生能源政策研究 [J]. 全球科技经济瞭望, 2008, 23 (2)：20 – 26.

[22] 刘兰芬. 河流水电开发的环境效益及主要环境问题研究 [J]. 水利学报, 2002, 8：121 – 128.

[23] 中华人民共和国国家发展和改革委员会. 可再生能源中长期发展规划 [R/OL]. (2007 – 09 – 04) [2021 – 01 – 05]. http://www. nea. gov. cn/131053171_15211696076951n. pdf

[24] 王威. 再生能源战略的成功典范之巴西乙醇发展战略 [J]. 国土资源情报, 2007, 7：36 – 39.

[25] Richard Perkins. Electricity sector restructuring in India：an environmentally beneficial policy [J]. Energy Policy, 2005, 33 (4)：89 – 96.

[26] 王明翠, 刘雪芹, 张建辉. 湖泊 (水库) 富营养化评价方法及分级方法 [J]. 中国环境监测, 2004, 18 (5)：47 – 50.

[27] 中华人民共和国发展和改革委员会. 德国推动节能的主要做法和经验 [EB/OL]. (2008 – 01 – 02) [2021 – 03 – 02]. https：//www. ndrc. gov. cn/fggz/hjyzy/sjyybh/200801/t20080102_1133681_ext. html.

[28] 余晖. 政府与企业：从宏观管理到微观管制 [M]. 福州：福建人民出版社, 1997.

[29] Zhao Q, Wang P, Goel L, et al. Impacts of renewable energy penetration on nodal price and nodal reliability in deregulated power system [C]//Proceedings of the 2011 IEEE Power and Energy Society General Meeting. Detroit Michigan, USA, 2011：1 – 6.

[30] 井志忠. 从垄断到竞争：日美欧电力市场化改革的比较研究 [M]. 北京：商务印书馆, 2009.

[31] 谢宏文, 易跃春. 降低我国风电上网电价的方案探讨 [J]. 国际电力, 2004, 8 (6)：23 – 25.

[32] Nasiri F, Zaccour G. Renewable portfolio standard policy：a game – theoretic analysis [J]. INFOR Information Systems and Operational Research, 2010, 48 (4)：251 – 260.

[33] 胡红伟. 中国电力市场化改革研究 [D]. 武汉：武汉大学, 2005.

[34] 禹雪中, 杨志峰, 彭期冬. 水电工程生态环境保护指标体系初探 [J]. 水力发电学报, 2008, 27 (2)：35 – 39.

[35] Bird L, Wüstenhagen R, Aabakken J. A review of international green power markets：recent experience, trends, and market drivers [J]. Renewable and Sustainable Energy Reviews, 2002, 6 (6)：513 – 536.

[36] 于良春，张伟. 强自然垄断定价理论与中国电价规制制度分析 [J]. 经济研究，2003，9 (7)：67-73.

[37] 唐志龙. 水电上网电价形成机制的研究 [J]. 冶金动力，2009，6：49-52.

[38] 国家电力监管委员会办公厅. 德国可再生能源发展状况和有关法律政策 [J]. 农村电气化，2008，1：44-45.

[39] 戴维·M·纽伯里. 网络型产业的重组与规制 [M]. 北京：人民邮电出版社，2002.

[40] Junhong N，Simon H. A dynamic channel assignment policy through q-learning [J]. IEEE Trans. Neural Networks，1999，10 (6)：1443-1455.

[41] 戚幸东，朱成章. 中国电力工业的竞争问题研究 [J]. 首都经济贸易大学学报，2003，5 (6)：5-18.

[42] Mallon K. Renewable energy policy and politics—a hand-book for decision-making [J]. Wind Engineering，2006，30 (1)：93-94.

[43] International Energy Agency. Energy balances of non-oecd countries 2008 edition [R]. Paris：International Energy Agency，2008.

[44] Mallon K. Renewable energy policy and politics—a handbook for decision-making [J]. Wind Engineering，2006，30 (1)：93-94.

[45] Mitchell C. The renewables NFFO：a review [J]. Energy policy，1995，23 (12)：1077-1091.

[46] 胡润青. 欧盟可再生能源发展到 2010 年将达到 12% [J]. 中国能源，2004，26 (1)：35-37.

[47] 戚聿东，柳学信. 深化垄断行业改革的模式与路径：整体渐进改革观 [J]. 中国工业经济，2008，6：44-45.

[48] 禹雪中，夏建新，等. 可持续水电指标体系及评价方法初步研究 [J]. 水力发电学报，2011，30 (3)：71-77.

[49] Basu A K，Panigrahi T K，Chowdhury S，et al. Key energy management issues of setting market clearing price (MCP) in micro-grid scenario [C]//Proceedings of the 42nd International Universities Power Engineering Conference，Brighton，UK，2007：854-860.

[50] 唐昭霞. 中国电力市场结构规制改革研究 [D]. 成都：西南财经大学，2008.

[51] Guan X H，Lun P B. Integrated resource scheduling and bidding in the deregulated electric power market：new challenges [J]. Discrete Event Dynamic Systems：Theory and Applications，1999，9 (4)：231-242.

[52] 于良春，张伟强. 自然垄断定价理论与中国电价规制制度分析 [J]. 经济研究，2003，9：57-64.

[53] International Energy Agency. Renewables Information 2008 Edition [R]. Paris：International Energy Agency，2008.

[54] Rahimiyan M，Morales J M，Conejo A J. Evaluating alternative offering strategies for wind producers in a pool [J]. Applied Energy，2011，88 (12)：4918-4926.

[55] 王俊豪，程肖君. 自然垄断产业的网络瓶颈与接入管制政策 [J]. 财经问题研究，2007 (12)：78-84.

[56] Markard J，Vollenweider S. Development of Ecological Standards for Hydropower [M]. Ber-

landstrasse：EAMAG，2005.

[57] Rader N A，Norgaard R B. Efficiency and sustainability in restructured electricity markets：the renewables portfolio standard [J]. The Electricity Journal. 1996，9（6）：37 – 49.

[58] 辛欣. 英国可再生能源政策导向及其启示 [J]. 国际技术经济研究，2005，8（3）：13 –17.

[59] 林伯强. 电力短缺、短期措施与长期考虑 [J]. 经济研究，2003，4：56 – 59.

[60] 冯永晟，马源. 论输配电网的自然垄断属性 [J]. 电力技术经济，2008，2：64 – 69.

[61] Krewitt W，Nitsch J. The german renewable energy sources act – an investment into the future pays off already today [J]. Renewable Energy，2003，28（4）：533 – 542.

[62] 于立，刘冰，于左，等. 纵向产业组织与中国煤电关系 [M]. 大连：东北财经大学出版社，2010.

[63] 徐波，张丹玲. 德国、美国、日本推进可再生能源发展的政策及作用机制 [J]. 能源政策研究，2007，5：44 – 50.

[64] Post N M. U. S. Wind power surge likely to continue，say scientists [J]. ENR：Engineering News – Record，2010，265（5）：18 – 18.

[65] Sanchez de la Nieta A A，Contreras J，Muoz J I. Optimal coordinated wind – hydro bidding strategies in day – a – head markets [J]. Power Systems，IEEE Transactions on，2013，28（2）：798 – 809.

[66] 宋永华，刘广一，谢开，等. 电力企业的运营模式（三）：零售竞争型模式 [J]. 中国电力，1997，9：61 – 64.

[67] 宋卫东，蔡壮，张晓东. 德国电力市场基本情况 [J]. 国际电力，2005，9（3）：10 –16.

[68] 吴坚. 荷兰可再生能源政策及其实践 [J]. 能源工程，2006，4：1 – 5.

[69] 白让让. 制度偏好差异与电力产业规制放松的困境："广网分开"引发的深层思考 [J]. 中国工业经济，2006，3：64 – 66.

[70] Wiser R，Porter K，Bolinger M. Comparing state portfolio standards and system – benefits charges under restructuring [R]. Berkeley：Ernest Orlando Lawrence Berkeley National Laboratory，2000.

[71] 国家能源局. 从技术空白到产业化规模发展：改革开放 40 年可再生能源发展成就观察 [EB/OL]. （2018 – 11 – 15）[2021 – 01 – 05]. http：//www. nea. gov. cn/2018-11/15/c_137607897. htm.

[72] Deng D Z，Carlson T J. Editorial：Time for Green Certification for All Hydropower [J]. Journal of Renewable and Sustainable Energy，2012，4（2）：41 – 54.

[73] Ladson A R，White L J，Doolan J A，et al. Development and testing of an index of stream condition of waterway management in Australia [J]. Freshwater Biology，1999，41（2）：453 – 468.

[74] 冯永晟，张昕竹. 输配电网管理体制改革与接入监管 [J]. 能源技术经济，2008，20（5）：15 – 20.

[75] Sutton R S，Barto A G. Reinforcement Learning [J]. A Bradford Book，1998，15（7）：665 – 685.

[76] Wüstenhagen R，Bilharz M. Green energy market development in Germany：effective public

policy and emerging customer demand [J]. Energy policy，2006，34 (13)：1681 - 1696.

[77] 姚国平，余岳峰，王志征. 中国风电发展宏观障碍分析及政策建议 [J]. 电力建设，2003，24 (2)：29 - 31.

[78] 王俊豪，程肖君. 自然垄断产业的网络瓶颈与接入管制政策 [J]. 财经问题研究，2007 (12)：36 - 41.

[79] 姚悦. 地方电力是输配分开的重要力量 [J]. 中国电力企业管理，2005 (11)：31 -32.

[80] Junginger M，Agterbosch S，Faaij A，et al. Renewable electricity in the Netherlands [J]. Energy Policy，2004，32 (9)：1053 - 1073.

[81] 国家环境保护总局环境影响评价管理司. 水利水电建设项目河道生态需水、低温水和过鱼设施环境影响评价技术指南（试行）[S]，2006.

[82] 魏科科. 中国电力行业规则改革研究 [D]. 武汉. 华中科技大学. 2010.

[83] 卢春泉，俞燕山. 电力体制改革的国际经验及对我国的启示 [J]. 中国发展观察，2005，8：32 - 34.

[84] Elliot D. Renewable energy R&D in the UK：a strategic overview [J]. Technology Analysis & Strategic Management，1989，1 (2)：223 - 237.

[85] 李正青. 水电上网电价形成机制的有关问题探讨 [J]. 科技信息，2007，36：673 - 674.

[86] Morales J M，Conejo A J，Pérez - Ruiz J. Short - term trading for a wind power producer. IEEE Transactions on Power Systems，2010，25 (1)：554 - 564.

[87] 于立，刘冰，于左，等. 纵向产业组织与中国煤电关系 [M]. 大连：东北财经大学出版社，2010，10：56 - 62.

[88] 仲福森，刘云涛. 欧盟电力改革最新进展：聚焦产权拆分 [J]. 电力技术经济，2008 (6)：43 - 47.

[89] Van Rooijen S N M，Van Wees M T. Green electricitypolicies in the Netherlands：an analysis of policy deci - sions [J]. Energy Policy，2006，34 (1)：60 - 71.

[90] 冯永晟，马源. 论输配电网的自然垄断属性电力技术经济 [J]. 2008，(2).

[91] Non - Fossil Purchasing Agency Limited（NFPA）. NFFO and SRO summary. February，2012. Available：http：//www. nfpa. co. uk/summary. html

[92] Hu W，Chen Z，Bak - Jensen B. The Relationship Between Electricity Price and Wind Power Generation in Danish Electricity Markets [C]//Asia - pacific Power & Energy Engineering Conference. IEEE，2010.

[93] Green R J. The Electricity Contract Market in England and Wales [J]. Journal of Industrial Economics，1999，47 (1)：107 - 124.

[94] Elliot D. Renewable energy R&D in the UK：a strategicoverview [J]. Technology Analysis & Strategic Management，1989，1 (2)：223 - 237.

[95] Fotis G K，Nikolaos T M. Analyzing the impact of futures trading on spot price volatility：evidence from the spot electricity market in France and Germany [J]. Energy Economics，2013，36：454 - 463.

[96] Low Impact Hydropower Institute. Low impact hydropower certification handbook 2nd Edition [S/OL]. （2020 - 04 - 01）[2021 - 01 - 05]. https：//lowimpacthydro. org/wp - content/uploads/2020/07/2nd - Edition - Handbook - Rev. - 2. 04 - 2020 - 04 - 01. pdf.

[97] Minns C K，Cairns V W，Randall R G，et al. An index of biotic integrity（IBI）for fish assemblages in the littoral zone of great lakes' areas of concern［J］. Can. j. fish. aquat，1994，51（8）：1804 - 1822.

[98] 鲁刚，魏玢，马莉. 智能电网建设与电力市场发展［J］. 电力系统自动化，2010，34（9）：1 - 6.

[99] Böhme，D，Dürrschmidt，W，Mark M V，et al. Renewable energy sources in figures - National and international development［R］. Berlin：Federal Ministry for the Environment，Nature Conservation and Nuclear Safety，2010.

[100] Deyette J，Clemmer S. Increasing the Texas renewable energy standard：economic and employment benefits［J］. Union of Concerned Scientists，2005.

[101] 井志忠. 电力市场化改革：国际比较与中国的推进［D］. 吉林：吉林大学东北亚研究院，2005.

[102] Mark M，Dürrschmidt W. Electricity from renewable energy sources：what does it cost［R］. Berlin：Federal Ministry for the Environment，Nature Conservation and Nuclear Safety，2009.

[103] Elliott D. Renewable energy policy in the UK：problems and opportunities［J］. Renewable energy，1996，9（1）：1308 - 1311.

[104] Pinson P，Chevallier C，Kariniotakis G N. Trading wind generation from short - term probabilistic forecasts of wind power［J］. Power Systems，IEEE Transactions on，2007，22（3）：1148 - 1156.

[105] 白让让. 制度偏好差异与电力产业规制放松的困境："厂网分开"引发的深层思考［J］. 中国工业经济，2006，3：31 - 39.

[106] British Petroleum. BP Statistical Review of World Energy 2008 - Renewables［J］. London：British Petroleum，2008：1 - 5.

[107] 谢绍雄. 非洲国家电力改革中的教训［J］. 国际电力，2003，4：21 - 25.

[108] 彭平. 创新电网投融资模式［J］. 中国电力企业管理，2011，15：64 - 64.

[109] Umesh K S，Ashok T. Analysis of competition and market power in the wholesale electricity market in India［J］. Energy Policy，2011，39（5）：2699 - 2710.

[110] 林伯强. 中国电力工业发展：改革进程与配套［J］. 改革管理世界，2005，8：65 -79.

[111] 董军. 输配电业务模式的国际比较［J］. 中国电力企业管理，2009，5：41 - 43.

[112] Bower John，Bunn Derek. Experimental analysis of the efficiency of uniform - price versus discriminatory auctions in the england and wales electricity market［J］. Journal of Economic Dynamics & Control，2001，25（3，4）：561 - 592.

[113] 曾鸣，于静冉. 大用户进入电力市场购电模式研究［J］. 电力科学与工程，2007，1：22 - 27.

[114] Bratrich C，Truffer B，Jorde K，et al. Green hydropower：a new assessment procedure for river management［J］. River Research and Applications，2004，20：865 -882.

[115] 朱成章. 电改核心：深化电价改革［J］. 中国电力企业管理，2009，4：20 - 23.

[116] 王剑辉. 电力市场中购电风险模型分析［J］. 电网技术，2005，9：46 - 49.

[117] Christine B，Berhard T，Klaus J，et al. Green hydropower：a new assessment procedure for

river management [J]. River Research and Applications, 2004, 20: 865 - 882.

[118] 国家能源局. 国家发展改革委 国家能源局关于印发电力体制改革配套文件的通知（发改经体〔2015〕2752 号）[EB/OL]. (2015 - 03 - 09) [2021 - 01 - 05]. http://www. gov. cn/xinwen/2015-03/09/content_2831228. htm.

[119] Kamat R, Oren S S. Rational buyer meets rational seller: reserves market equilibria under alternative auction designs [J]. Journal of Regulatory Economics, 2002, 21 (3): 247 - 288.

[120] Prasad K, Sanghi A. Deviation settlement mechanism: embracing challenges and moving ahead [J]. International Journal of Engineering Research & Technology, 2014, 3 (5): 2452 - 2455.

[121] 常本春, 耿雷华, 刘翠善, 等. 水利水电工程的生态效应评价指标体系 [J]. 水利水电科技进展, 2006, 26 (6): 11 - 15.

[122] 张勇. 浅析巴西的电力体制改革 [J]. 拉丁美洲研究, 2004, 6: 34 - 38.

[123] 曹阳. 国际输配电业务多元化现状及展望 [J]. 中国电力企业管理, 2017, 31 (508): 38 - 41.

[124] Adam T P, Paula J R, Rosalind M W, Paul S Ke, The impact of an Archimedes screw hydropower turbine on fish migration in a lowland river [J]. Ecological Engineering, 2018, 118: 31 - 42.

[125] 张志元. 后危机时代我国制造业发展模式转型研究 [J]. 理论探索, 2011 (1): 68 - 71.

[126] 魏玢, 马莉. 欧盟电力市场化改革最新进展及启示 [J]. 电力技术经济, 2007, 19 (2): 14 - 18.

[127] Liang J, Grijalva S, Harley R G. Increased wind revenue and system security by trading wind power in energy and regulation reserve markets [J]. IEEE Transactions on Sustainable Energy, 2011, 2 (3): 340 - 347.

[128] 张驰. 中外电力改革理论和实践的比较分析 [J]. 浙江节能, 2005, 2: 15 - 22.

[129] Truffer B, Markard J, Bratrich C, et al. Green Electricity from alpine hydropower plants [J]. Mountain Research and Development, 2001, 21 (1): 19 - 24.

[130] 井志忠. 从垄断到竞争: 日美欧电力市场化改革的比较研究 [M]. 北京: 商务印书馆, 2009.

[131] 刘戒骄, 张其仔. 制度互补与电力市场化改革 [J]. 中国工业经济, 2006, 4: 29 - 35.

[132] 严慧敏. 风电产业化发展再思考 [J]. 湖北电业, 2004, 6: 44 - 45.

[133] Mitchell C. The renewables NFFO: a review [J]. Energy policy, 1995, 23 (12): 1077 - 1091.

[134] Wüstenhagen R, Bilharz M. Green energy market development in Germany: effective public policy and emer - ging customer demand [J]. Energy policy, 2006, 34 (13): 1681 - 1696.

[135] Muoz M, Oschmann V, David Tàbara J. Harmonization of renewable electricity feed - in laws in the European Union [J]. Energy policy, 2007, 35 (5): 3104 - 3114.

[136] Krewitt W, Nitsch J. The German Renewable Energy Sources Act - an investment into the fu-

ture pays off already today [J]. Renewable Energy, 2003, 28 (4): 533 - 542.

[137] Sáenz de Miera G, Del Río P, Vizcaíno I. Analysing theimpact of renewable electricity support schemes on power prices: The case of wind electricity in Spain [J]. Energy Policy, 2008, 36 (9): 3345 - 3359.

[138] 杨少军. 加拿大清洁能源和可再生能源发展现状 [J]. 全球科技经济瞭望, 2008, 9: 29 - 32.

[139] 李华明. 全球风电成本的初步分析 [J]. 太阳能, 2005, 3: 45 - 48.

[140] Mitchell C, Connor P. Renewable energy policy in the UK 1990 - 2003 [J]. Energy policy, 2004, 32 (17): 1935 - 1947.

[141] Brüns E. Renewable energies in germany's electricity market: a biography of the innovation process [M]. Berlin: Springer, 2010.

[142] 胡红伟. 中国电力市场化改革研究 [D]. 武汉: 武汉大学, 2005.

[143] 杨生叶, 王其兵, 景洪. 电力市场分析在电力交易运营中的应用 [J]. 太原科技, 2009 (8): 62 - 68.

[144] 齐新宇. 搁置成本与竞争效率: 兼论中国电力产业改革 [J]. 产业经济研究, 2007, 3: 38 - 43.

[145] Toke Dave. Wind power in uk and denmark: can rational choice help explain different outcomes [J]. Environmental Politics, 2002, 11: 83 - 100.

[146] 陈和平, 李京京. 可再生能源发电配额制政策的国际实施经验 [J]. 中国能源, 2000, 22 (7): 3 - 6.

[147] 朱松丽, 徐华清. 英国的能源政策和气候变化应对策略: 从 2003 版到 2007 版能源白皮书 [J]. 气候变化研究进展, 2008, 4 (5): 272 - 276.

[148] Strbac G, Kirschen D. Assessing the Competitiveness of Demand - Side Bidding [J]. IEEE Transactions on Power Systems, 1999, 14 (1): 120 - 125.

[149] 王勇. 赴澳大利亚、日本可再生能源考察报告 [J]. 浙江节能, 2000, 3: 10 - 11.

[150] 王敏娜. 从澳大利亚电力监管体系看我国电力监管体制改革方向 [J]. 华北电力大学学报 (社会科学版), 2015 (6): 34 - 38.

[151] Dincer F. The analysis on photovoltaic electricity generation status, potential and policies of the leading countries in solar energy [J]. Renewable and Sustainable Energy Reviews, 2011, 15 (1): 713 - 720.

[152] Faber T, Green J, Gual M, et al. Promotion strategies for electricity from renewable energy sources in EU countries [J]. General Information, 2000, 15 (2): 1003 - 1034.

[153] Low Impact Hydropower Institute. Low impact hydropower marketing guidelines [S/OL]. (2020 - 04 - 01) [2021 - 01 - 05]. https: //lowimpacthydro. org/marketing -guidelines/.

[154] 李刚. 区域电力市场中发电厂商的博弈分析 [D]. 长沙: 湖南大学, 2007.

[155] Konigsberg J. Status of Hydropower in Electric Utility Industry's Green Pricing Programs [M]. Bellingham, Washington: Hydropower Reform Coalition, 2009.

[156] David A K, 文福拴. 亚洲电力改革: 孰是孰非 [J]. 电力系统自动化, 2002, 17: 67 - 72.

[157] 奚江惠, 胡济洲. 电力产业重组中的规制和放松规制 [J]. 电力技术经济, 2005, 2:

56 - 59.

[158] 满香忠，王珊珊．国外开发生物质能优惠政策及其经验启示 [J]．地方财政研究，2007，8：58 - 63.

[159] 戚幸东，朱成章．中国电力工业的竞争问题研究 [J]．首都经济贸易大学报，2003，6：26 - 31.

[160] 杨少军．加拿大清洁能源和可再生能源发展现状 [J]．全球科技经济瞭望，2008，23 (9)：29 - 32.

[161] 华晓龙．深化电力市场化改革的思路 [J]．经济研究参考，2015 (17)：91 - 93.

[162] 于午铭，杨宇，吴少花．准确评价风能资源合理核定风电价格 [J]．风力发电，2003，2：26 - 32.

[163] Alberto Gabriele. Policy alternatives in reforming energy utilities in developing countries [J]. Energy Policy, 2004, 32 (11)：134 - 140.

[164] 齐新宇．搁置成本与竞争效率兼论中国电力产业改革 [J]．产业经济研究，2007，3：34 - 37.

[165] Al - Awami A T, El - Sharkawi M A. Coordinated trading of wind and thermal energy [J]. IEEE Transactions on Sustainable Energy, 2011, 2 (3)：277 - 287.

[166] Stern J. Electricity and telecommunications regulatory institutions in small and developing countries [J]. Utilities Policy, 2000, 9 (3)：158 - 167.

[167] Dinica V, Arentsen M J. Green certificate trading in the Netherlands in the prospect of the European electricity market [J]. Energy Policy, 2003, 31 (7)：609 - 620.

[168] Elliston B, Diesendorf M, MacGill I. Simulations of scenarios with 100％ renewable electricity in the Aus - tralian National Electricity Market [J]. Energy Policy, 2012, 45 (6)：606 - 613.

[169] 李平文．我国电力改革面临的问题及对策研究 [D]．南昌：南昌大学，2006.

[170] 张蒲转．现阶段促进水电发展的相关政策的研究 [D]．西安：西安理工大学，2001.

[171] 沙亦强．电力市场建设十年：专访国家电监会市场监管部主任刘宝华 [M]．中国电力企业管理，2008，8：26.

[172] 李北陵．新能源法案：美国能源战略的"历史转折点" [J]．中国石化，2008，(3)：59 - 61.

[173] Angarita J M, Usaola J G. Combining hydro - generation and wind energy：biddings and operation on electricity spot markets [J]. Electric Power Systems Research，2007，77 (5)：393 - 400.

[174] 林伯强．中国电力工业发展：改革进程与配套改革 [J]．管理世界，2005，8：25 - 28.

[175] 李俊峰，时璟丽．支持可再生能源发电新思路 [J]．建设科技，2006，72 (3)：9 - 11.

[176] 谢绍雄．印度电力体制改革遗留的问题与对策 [J]．国际电力，2003，6：16 - 18.

[177] Hedman K W, Sheblé G B. Comparing hedging methods for wind power：using pumped storage hydro units vs. options purchasing [C] //Proceedings of the 2006 International Conference on Probabilistic Methods Applied to Power Systems, Ames, USA：2006：1 - 6.

[178] Yuan Y, Li Q, Wang W. Optimal operation strategy of energy storage unit in wind power integration based on stochastic programming [J]. IET renewable power generation, 2011, 5

(2)：194－201.

[179] 胡润青，时景丽，李俊峰，等. 风力发电面临的问题和政策建议 [J]. 中国能源，2001，1：40－43.

[180] Razykov T M, Ferekides C S, Morel D, et al. Solar photovoltaic electricity：current status and future prospects [J]. Solar Energy, 2011, 85 (8)：1580－1608.

[181] Byabortta S, Lahiri R N, Chowdhury S, et al. Power sector reform and power market design in India [C] // International Power Engineering Conference. IEEE, 2005.

[182] 王忠泽，张向明，等. 云南澜沧江漫湾水电站库区生态环境与生物资源 [M]. 昆明：云南科技出版社，2000.

[183] 魏科科. 中国电力行业规则改革研究 [D]. 武汉：华中科技大学，2010.

[184] 刘阳平，叶元熙. 论电力市场的有效竞争 [J]. 管理世界，1999，2：122－133.

[185] 靳晓明. 中国新能源发展报告 [M]. 武汉：华中科技大学出版社，2011.

[186] 余晖. 政府与企业：从宏观管理到微观管制 [M]. 福州：福建人民出版社，1997.

[187] Van Rooijen S N M, Van Wees M T. Green electricity policies in the Netherlands：an analysis of policy decisions [J]. Energy Policy, 2006, 34 (1)：60－71.

[188] Gonzalez G J, RMR de la M, Santos L M, et al. Stochastic joint optimization of wind generation and pumped－storage units in an electricity market [J]. IEEE Transactions on Power System, 2008, 23 (2)：460－468.

[189] Elliston B, Diesendorf M, MacGill I. Simulations of scenarios with 100％ renewable electricity in the Australian National Electricity Market [J]. Energy Policy, 2012, 45 (6)：606－613.

[190] 杨生叶，王其兵. 非竞价市场中的电力交易 [J]. 太原科技，2009 (9)：69－72.

[191] Deetjen T A, Rhodes J D, Webber M E. The impacts of wind and solar on grid flexibility requirements in the Electric Reliability Council of Texas [J]. Energy, 2017, 123：637－654.

[192] 国家发展和改革委员会能源研究所. 世界可再生能源发展的大趋势 [R/OL]. (2006－08－08) [2021－01－05]. http：//www. newenergy. org. cn/zhjs/200608/t20060808_184585. html.

[193] 国家能源局. 关于可再生能源电价补贴和配额交易方案（2010 年 10 月—2011 年 4 月）的通知（发改价格〔2012〕3762 号)[EB/OL]. (2012－12－05) [2021－01－05]. http：//www. nea. gov. cn/2012-12/05/c_132019782. htm

[194] Mitchell D, Bauknecht P M, Connor. Effectiveness through risk reduction：a comparison of the renewable obligation in England and Wales and the feed－in system in Germany [J]. Energy Policy, 2006, 34：297－305.

[195] 周茂荣，祝佳. 欧盟新能源政策：动因分析与前景展望 [J]. 世界经济研究，2007，12：67－70.

[196] Gan L, Eskeland G S, Kolshus H H. Green electricitymarket development：Lessons from Europe and the US [J]. Energy Policy, 2007, 35 (1)：144－155.

[197] Del Río P. Ten years of renewable electricity policies in Spain：An analysis of successive feed－in tariff reforms [J]. Energy Policy, 2008, 36 (8)：2917－2929.

[198] 姜红星. 中国电力产业规制改革研究 [D]. 北京：中国社会科学院研究生院，2017.

[199] 王仲颖，李俊峰．中国可再生能源产业发展报告［M］．北京：化学工业出版社，2007．

[200] 孙珂，夏清．信息披露有效性与电力市场交易模式的选择［J］．电力系统自动化，2008，6：29 - 34．

[201] 梅志宏，何成荣，刘斌．漫湾水库淤积分析［C］//水电2006国际研讨会论文集，2006：1126 - 1132．

[202] 彭平．创新电网投融资模式［J］．中国电力企业管理，2011．

[203] Corinna Klessmann，Christian Nabe，Karsten Burges．Pros and cons of exposing renewables to electricity market risks：a comparison of the market integration approaches in Germany，Spain，and the UK［J］．Energy Policy，2008，36：3646 - 3661．

[204] Rumika Chaudhry，Tarla Rai Peterson，Jennie C Stephens，et al．Policy stakeholders and deployment of wind power in the sub - national context：A comparison of four US states［J］．Energy Policy，2010，38：4429 - 4439．

[205] 杜谦，郗小林．加快我国风电产业发展的对策建设［J］．中国软科学，2001，10：9 - 14．

[206] 闫修．新电改政策下核电企业市场营销的挑战与思考［J］．中国核工业，2015（8）：30 - 34．

[207] 朱成章．电改核心：深化电价改革［J］．中国电力企业管理，2009，4：39 - 44．

[208] 时璟丽．关于在电力市场环境下建立和促进可再生能源发电价格体系的研究［J］．中国能源，2008，30（1）：23 - 27．

[209] 苏斌．采用两部制电价机制促进水电开发利用［J］．中国物价，2004，4：39 - 41．

[210] 王经纬．中国电力体制改革理论与问题研究［D］．北京：首都经济贸易大学，2008．

[211] 赵会茹，李春杰，李泓泽．电力产业管制与竞争的经济学分析［M］．北京：中国电力出版社，2007．

[212] 迟远英．基于低碳经济视角的中国风电产业发展研究［D］．长春：吉林大学，2008．

[213] Castronuovo E D，Peas Lopes J A．On the optimization of the daily operation of a wind - hydro power plant［J］．IEEE Transactions on Power Systems，2004，19（3）：1599 - 1606．

[214] 李俊峰，施鹏飞，高虎．捕获风能：中国风电产业发展现状与展望［J］．电气时代，2011（3）：38 - 44．

[215] Electricity，Transaction，Center，et al．2008 Annual Report of SGCC on Electricity Market Transactions［J］．Electricity，2009，2（165）：13 - 19．

[216] Judith Lipp．Lessons for effective renewable electricity policy from Denmark，Germany and the United Kingdom［J］．Energy Policy，2007，35：5481 - 5495．

[217] Mulder M，Scholtens B．The impact of renewable energy on electricity prices in the Netherlands［J］．Renewable Energy，2013，57：94 - 100．

[218] Kahn A E，Cramton P C，Porter R H，et al．Uniform pricing or pay - as - bid pricing：a dilemma for california and beyond［J］．The Electricity Journal，2001，14（6）：70 - 79．

[219] 黄忠祥．上网电价制度探讨［J］．电力市场，2003，4：16 - 20．

[220] 冯永晟．纵向结构的配置效率与中国电力体制改革［J］．财贸经济，2014，35（7）128 - 136．

[221] 董军，栾风奎，韩英豪，等. 中国电力市场标准方案研究 [J]. 华东电力，2007 (1)：86-90.

[222] Neij L. Use of experience curves to analyse the prospects for diffusion and adoption of renewable energy technology [J]. Energy Policy, 1997, 25 (13)：1099-1107. 1.

[223] 赵会茹，李春杰，李泓泽. 电力产业管制与竞争的经济学分析 [M]. 北京：中国电力出版社，2007.

[224] Berry T, Jaccard M. The renewable portfolio standard：Design considerations and an implementation survey [J]. Energy Policy, 2001, 29 (4)：263-277.

[225] 萨莉·亨特. 电力市场竞争 [M]. 北京：中信出版社，2004.

[226] Gan L, Eskeland G S, Kolshus H H. Green electricity market development：Lessons from Europe and the US [J]. Energy Policy, 2007, 35 (1)：144-155.

[227] 孙倩，刘峰. 电力工业改革理论依据及其模式综述 [J]. 广西电业，2005, 17 (6)：1-4.

[228] 刘戒骄，张其仔. 制度互补与电力市场化改革 [J]. 中国工业经济，2006, 4：29-35.

[229] 李俊峰，时景丽. 国内外可再生能源政策综述与进一步促进我国可再生能源发展的建议 [J]. 可再生能源，2006, 1：1-6.

[230] 张驰. 国际电力体制改革经验及对中国的启发 [J]. 能源技术经济，2007, 19 (1)：8-11.

[231] Kristina Ek. Public and private attitudes towards "green" electricity：the case of swedish wind power [J]. Energy Policy, 2005, 33 (13)：1677-1689.

[232] 杨名舟. 对电力工业体制改革理论的思考 [J]. 中国电力企业管理，1997 (9)：20-22.

[233] European Regulators' Group for Electricity and Gas. Status review supplier switching process electricity and gas markets. http：//www. ceer. eu/portal/page/portal/EER_HO.

[234] Irene O N, Claudia M, Carlos B, et al. A simulation model for a competitive generation market [J]. IEEE Trans on Power Systems, 2000, 15 (1)：250-256.

[235] 王经纬. 中国电力体制改革理论与问题研究 [D]. 北京：首都经济贸易大学. 2008.

[236] 李虹. 电力市场设计：理论与中国的改革 [J]. 经济研究，2004, 11：45-49.

[237] Bird L, Wüstenhagen R, Aabakken J. A review of international green power markets：recent experience, trends, and market drivers [J]. Renewable and Sustainable Energy Reviews, 2002, 6 (6)：513-536.

[238] Bratrich C, Truffer B, Jorde K, et al. Green hydropower：a new assessment procedure for river management [J]. River Research and Applications, 2004, 20 (7)：865-882.

[239] 李霞. 国外发展绿色电力的经验 [J]. 环境保护，2004, 1：58-61.

[240] Petoussis S G, Petoussis A G, Georghiou G E, et al. Grid-connected photovoltaic power plants：the effect on the electricity market equilibrium [C] //Third International Conference on Electric Utility Deregulation & Restructuring & Power Technologies. IEEE, 2008.

[241] 宋永华，刘广一. 电力企业的运营模式（二）：买电型和批发竞争型模式 [J]. 中国电力，1997, 3 (1)：56-60.

[242] 王剑辉. 电力市场中购电风险模型分析 [J]. 电网技术，2005, 29 (9)：46-49.

[243] 王秀丽，王锡凡. 电力边际成本定价类型及特点 [J]. 华东电力，2000, 8：1-3.

[244] Dinica V, Arentsen M J. Green certificate trading in the Netherlands in the prospect of the European electricitymarket [J]. Energy Policy, 2003, 31 (7)：609-620.

[245] 罗斌，柴高峰，杜衡．中国上网电价研究．数量经济技术经济研究，2004，2：28-34.

[246] 魏玢，马莉．欧盟电力市场化改革最新进展及启示 [J]．电力技术经济，2007，19 (2)：14-18.

[247] Ciarreta A，Gutiérrez–Hita C，Nasirov S. Renewable energy sources in the Spanish electricity market：Instruments and effects [J]．Renewable and Sustainable Energy Reviews，2011，15 (5)：2510-2519.

[248] Chen Z，Wang H，Jiang Q. Optimal control method for wind farm to support temporary primary frequency control with minimised wind energy cost [J]．Renewable Power Generation Let，2014，9 (4)：350-359.

[249] Wiser R，Bolinger M. 2009 Wind technologies market report [R]．Berkeley：Ernest Orlando Lawrence Berkeley National Laboratory，2009.

[250] 仲福森，刘云涛．欧盟电力改革最新进展：聚焦产权拆分 [J]．电力技术经济，2008 (6)：23-28.

[251] 王波．电力产业市场化中政府监管研究 [D]．成都：电子科技大学，2009.

[252] 董力通．电力市场下我国实行可再生能源配额制的研究 [D]．北京：华北电力大学，2006.

[253] Michaels R J. A national renewable portfolio standard：politically correct，economically suspect [J]．The Electricity Journal，2008，21 (3)：9-28.

[254] International Hydropower Association. Sustainability Assessment Protocol Hydropower sustainability guidelines [S/OL]．(2020-05-01) [2021-01-05]．https：// www. hydrosustainability. org/assessment-protocol.

[255] Vestas 中国代表处．中国风电电价分析 [J]．风力发电，2001，4：1-6.

[256] 林伯强．电力短缺、短期措施与长期考虑 [J]．经济研究，2003，3：28-36.

[257] 耿雷华，刘恒，钟华平，等．健康河流的评价指标和评价标准 [J]．水利学报，2006，37 (3)：253-258.

[258] 贾宝真，禹雪中．国内外水电环境及可持续性评价标准的比较 [J]．水力发电，2013，39 (4)：13-16.

[259] Laura Stern. Market distortions in the Chilean electric generation sector [J]．Journal of Project Finance，1999，5 (3)：152-163.

[260] 姚悦．地方电力是输配分开的重要力量 [J]．中国电力企业管理，2005 (11)：31-32.

[261] Hass R，Faber T，Green J，et al. Promotion strategies for electricity from renewable energy sources in eu countries [M]．Vientiane：Mekong River Commission，2000.

[262] 张昕竹．中国规制与竞争：理论与政策 [M]．北京：社会科学文献出版社，2000.